Geheimnisvolles von Blumen und Blüten

Bruno P. Kremer

Geheimnisvolles von Blumen und Blüten

Wie sie erfolgreich werben und verführen

 Springer

Bruno P. Kremer
Wachtberg, Deutschland

ISBN 978-3-662-70417-2   ISBN 978-3-662-70418-9 (eBook)
https://doi.org/10.1007/978-3-662-70418-9

Die Deutsche Nationalbibliothek verzeichnet diese Publikation in der Deutschen Nationalbibliografie; detaillierte bibliografische Daten sind im Internet über https://portal.dnb.de abrufbar.

Einbandabbildung: © Sebastian/Generated with AI/stock.adobe.com

Planung/Lektorat: Stefanie Wolf
Springer ist ein Imprint der eingetragenen Gesellschaft Springer-Verlag GmbH, DE und ist ein Teil von Springer Nature.
Die Anschrift der Gesellschaft ist: Heidelberger Platz 3, 14197 Berlin, Germany

Wenn Sie dieses Produkt entsorgen, geben Sie das Papier bitte zum Recycling.

Dieses Buch widme ich allen, die durch akribische Analytik und geduldige Beobachtung zum erstaunlichen Kenntnisstand der Blütenökologie beigetragen haben.

An Blumen freut sich mein Gemüte,
und ihren Rätseln lausch ich gern.
Wie nah sie uns durch Duft und Blüte,
und durch ihr Schweigen doch so fern.

Nikolaus Lenau in seinem Versepos Savonarola (1837)

Inhaltsverzeichnis

1

Farben, Formen und viel Freude

Den grünen Pflanzen kommt in unserem Leben eine zentrale und geradezu grundsätzliche, weil gänzlich unentbehrliche Bedeutung zu, denn immerhin sind sie tatsächlich die Basis unserer Existenz. Einzigartig und unersetzbar ist nämlich ihre sicherlich bewundernswerte Fähigkeit, die beiden einfachen und in der Natur meist reichlich vorhandenen chemischen Verbindungen Wasser (H_2O) und Kohlenstoffdioxid (CO_2) durch Nutzung der Strahlungsenergie des Sonnenlichts in energiereiche und somit auch nahrhafte Stoffe wie Kohlenhydrate ($C_6H_{12}O_6 = 6 \times C[H_2O]$) und viele andere davon abgeleitete organische Verbindungen umzuwandeln. Photosynthese nennt man diesen

© Der/die Autor(en), exklusiv lizenziert an Springer-Verlag GmbH, DE, ein Teil von
Springer Nature 2025
B. P. Kremer, *Geheimnisvolles von Blumen und Blüten*,
https://doi.org/10.1007/978-3-662-70418-9_1

fantastischen Stoffwechselprozess. Sie ist die mit Abstand wichtigste Stoff-
wechselleistung auf der Erde, denn davon hängt buchstäblich die gesamte
restliche Biosphäre ab: Pflanzen liefern direkt oder indirekt die energiereiche
Biomasse für die Ernährung von Tieren und Menschen. Auch die appetitliche
Pizza Quattro Stagioni oder die leckere Piccata Milanese sind letztlich nur
über die Nahrungsnetze weitergereichte, umgewandelte und kulinarisch auf-
bereitete Pflanzensubstanz. Bei den weltweit beliebten Pastagerichten wie
Spaghetti oder den nicht minder angesagten Gnocchi al Pomodoro ist der Zusammenhang mit der pflanzlichen Produktion kürzer und somit leichter ein-
sehbar. So ist zweifellos verständlich, warum die Menschen sich schon früh
Gedanken über das eigentümliche Leben der Pflanzen gemacht haben, nachdem ihnen die unmittelbaren und mittelbaren Abhängigkeiten klarer vor
Augen standen.

Die Pflanzenkundler, die ess- oder anderweitig nutzbare Pflanzen er-
forschten und unter anderem erfolgversprechende Anbaumethoden für die
gezielte Produktion entwickelten, nennt man üblicherweise Botaniker. Ihr
Fachgebiet, die Botanik, leitet sich sprachlich bezeichnenderweise vom altgriechischen Wort *botane* = Weide, Futterpflanze, Gras oder Heu ab. Die
Pflanzenbiologie oder Pflanzenwissenschaften, wie man sie heute in Abkehr
vom eher landwirtschaftlich motivierten Traditionsbegriff und in Anlehnung
an die internationale Kategorisierung (Plant Sciences) gerne zitiert (der
zwischenzeitlich einmal vorgeschlagene Begriff Phytologie – er war immerhin
Titel eines erfolgreichen mehrbändigen Lehrwerks von Heinrich Walter
[1898–1989] – konnte sich nicht durchsetzen), hat sich unterdessen allerdings längst vom rein angewandten Tun gelöst und in unglaublich fein verzweigte Bündel zahlreicher Spezialdisziplinen aufgefasert. Ihr wissenschaft-
licher Ertrag ist geradezu überwältigend: Im Ergebnis kennt man heute wirklich alle wesentlichen Details im Aufbau von Zellen und Gewebe der Pflanzen,
kann die für die Ernährung oder Gesundheitsfürsorge bedeutsamen Inhalts-
stoffe der Nutzpflanzen chemisch bis aufs Mikrogramm genau angeben sowie
die verworren-verwobenen Prozessketten in den Zellorganellen Plastiden und
Mitochondrien als minutiöse Ablaufdiagramme darstellen, die eher an die
Schaltpläne eines Mobiltelefons als an etwas Quicklebendiges erinnern. Gewiss kann dieses beachtliche und bis in die letzten molekularen Winkel aus-
gelotete Wissen über Pflanzen außerordentlich faszinieren. Aber: Was ist
schon die in zunächst doch ziemlich nichtssagend aussehenden Buchstaben-
folgen verpackte Nucleotidsequenz eines Schaltgens für die Krümmung bestimmter Blatthaare gegen den Anblick und den Duft einer wunderbaren
Blume (Abb. 1.1)? Nüchterne Tabellen und Zahlenreihen aus Labor-
protokollen begeistern zwar den erfolgreichen Experimentator, aber schmei-

Abb. 1.1 Blumige Blüten sprechen immer zuverlässig an – Auge und Seele gleichermaßen: Bildbeispiel Fieberklee (*Menyanthes trifoliata*)

cheln unserer Seele eben nicht unbedingt. Und vermutlich sprechen sie auch die sonstige Gefühlswelt nicht allzu heftig an. Hingegen: Bei einer Blume liegen die Dinge gänzlich anders – sie erreicht absolut zuverlässig unser Gemüt, wie Nicolaus Lenau es im Eingangsmotto zutreffend festhält.

Begeisterung durch Faszination

Kaum eines der modernen und wegen ihres faktenreichen Inhalts zumeist recht dickleibigen Lehrbücher der Pflanzenbiologie (Botanik) verzichtet – selbst wenn sie im Innenteil auf weiten Strecken nur noch Akronyme, Ablaufdiagramme sowie Reaktionsfolgen mit vielen chemische Formeln anbieten – bezeichnenderweise auf ein attraktives Blumenbild als Covermotiv. Mit den eher unanschaulich-metasprachlichen Botschaften der molekularen Biologie lassen sich die Lernenden zunächst offenbar doch nicht so leicht vereinnahmen. Buchstäblich durch (und auch über) die Blume zu sprechen, ist nun einmal erwiesenermaßen viel hinreißender.

Wo Blumen blühen, verzaubern sie nachhaltig ihre Umwelt. Blumen in Blühsäumen verändern das Gesicht der Landschaft und lassen sie fallweise sogar flächig in Farbe versinken (Abb. 1.2). Die (angeblich) rund drei Dutzend verschiedenen Grünnuancen einer irischen Hügellandschaft mit oder ohne tief hängende Wolken geben zwar zugegebenermaßen ein ansprechendes und meist auch kalenderblatttaugliches Gesamtbild her, aber eine blumige

Abb. 1.2   Blüten in Mengen sind eine besondere Zierde und notwendiger Bestandteil unserer Erlebnislandschaft: angesäter Blühsaum im dörflichen Ambiente

Wiese, ein bunter Ackerrain oder auch ein artenreich bepflanzter Hausgarten laufen ihnen unstrittig den Rang ab. Die Blüte als bewundernswerte und bewunderte Einzelschöpfung der Natur und erst recht die vielköpfigen blumigen Ensembles in der Natur- bzw. Kulturlandschaft sind einfach visuelle Knalleffekte. Unser seelisches Empfinden braucht solche Wahrnehmungen. Denn: Warum nur lassen die Stadtverwaltungen selbst beängstigend schmale Pflanzstreifen zwischen den grauen Asphaltbändern der innerstädtischen Rennpisten als bunte Blumenrabatten herrichten und damit floristisch aufwerten? Blüten(pflanzen) sind nicht nur ein wichtiger Bestandteil der Natur, sondern auch tief in unserem Herzen und damit in unserem Gemüt verwurzelt.

Ständige Präsenz

Überall im Alltag hat man es mit Pflanzen zu tun. Sie begegnen uns als unauffällige und oft nicht einmal wahrgenommene Winzlinge in den Pflasterfugen, als grüne Spielwiese hinter dem Haus, als Erbsen, Kartoffeln und Möhren im Angebot der Gemüsemärkte sowie als Sträucher und Bäume in Parkanlagen. Auch für die dekorativen Ensembles in den Blumentöpfen auf der heimischen Fensterbank oder die sympathischen Farbtupfer der Pflanzbeete im ausgedehnten Stadtpark verwenden die Umgangs- und ebenso die Fachsprache den Sammelausdruck Flora (Abb. 1.3). Der lateinisch-römische Ursprung dieser Bezeichnung ist unverkennbar. Mit Flora bezeichneten die alten Römer

Abb. 1.3 Immer ein Hingucker – der farbkräftige Kalifornische Kappenmohn (*Eschscholtzia californica*) gedeiht auch in Mitteleuropa und verwildert gelegentlich

nämlich ihre für Blühen und Gärten zuständige Göttin. Nachweislich errichteten sie ihr schon im Jahre 238 v. Chr. im antiken Stadtzentrum Roms nahe beim Circus Maximus einen eigenen Tempel. Konsequenterweise hatte die göttliche Flora im Frühjahr auch ihre eigenen und – glaubt man den antiken Quellen – meist sogar ziemlich heftig begangenen Festtage: Die Floralia fanden jedes Jahr zwischen April und Mai statt, wenn auch im mediterranen Süden fast alles in Blüte steht. Nach römischer Auffassung soll die blumige Göttin Flora mit der seinerzeit ebenfalls hochverehrten Ceres eng verwandt sein, der wachsamen Göttin des Ackerbaus und aller der Ernährung dienenden Pflanzen, die in der Sammelbezeichnung Cerealien fortlebt. Das wäre eine durchaus passende Familienbande.

Somit steht der Begriff Flora seit weit über 2000 Jahren in enger Verbindung zur blühenden Pflanzenwelt. Begrifflich sind damit in vielen modernen europäischen Sprachen diejenigen Wörter eng verwandt, die Blüten bzw. Blumen bezeichnen, beispielsweise *flores* (spanisch), *fleurs* (französisch), *fiori* (italienisch) oder *flowers* (englisch). Außerdem hat man, und dies sogar schon im Altertum, von der Blütengöttin Flora verschiedene Vornamen abgeleitet. Solche antiken „Hippies" (wie man die nach ihrem Selbstverständnis so bezeichneten Blumenkinder der 1960er-Jahre nannte) sind Florian und Florentine, aber auch Florentius und Florence – allesamt Vornamen, die man ab und zu auch heute noch oder schon wieder findet.

Auch in etlichen anderen Bereichen unseres heutigen Alltags ist die Göttin Flora präsent. Zahlreiche romantische Frühlingsgedichte und muntere

Kalendersprüche schwärmen ausdrücklich vom Blütenflor, was eigentlich ein ebenso doppelt gemoppelter Pleonasmus ist wie ein weißer Schimmel oder ein schwarzer Rabe, denn Blüte oder Flor jeweils alleine würde zur genauen Bezeichnung des Gemeinten völlig ausreichen. Und wenn die Imbissbude bzw. Kneipe an der nächsten Straßenecke infolge regen Besuchs traumhafte Umsätze erzielen, freut sich unter anderem auch das Finanzamt und stellt ausdrücklich fest, dass der jeweilige Laden floriert. Die mit Blüten und Blumen zusammenhängende Begriffswelt ist wirklich überall greif- und erlebbar und ein konstanter Bestandteil unserer Alltagsbegrifflichkeit. Schließlich haben die Blumen sogar einem vorwiegend damit befassten Berufsstand zur Bezeichnung verholfen – den Florist(inn)en, die ein im Allgemeinen ganzjährig verfügbares, reiches Angebot gekonnt zu ansehnlichen Gebinden bzw. Sträußen komponieren.

Schließlich gab die römische Gottheit Flora noch einem ganz anderen, wenngleich konsequent ganz auf der botanischen Begriffsebene liegenden Wissenschaftssegment ihren Namen: Unter Flora versteht man in Fachkreisen die Gesamtheit der in einem bestimmten Gebiet vorkommenden Pflanzenarten. Zu deren artgenauem Kennenlernen verwenden Fachleute ebenso wie Hobbybotaniker (bezeichnenderweise auch Lokalfloristen genannt) umfangreiche Bestimmungswerke, wie den in der 97. Auflage vorliegenden Klassiker *Die Flora Deutschlands und angrenzender Länder* (Schmeil-Fitschen) oder die nicht weniger eingesetzte mehrbändige *Exkursionsflora von Deutschland* (Rothmaler). Außer diesen bekannten und beliebten Grundlagenwerken, mit denen man sich überall in Mitteleuropa erfolgreich in der heimischen Flora bewegen kann, gibt es zahlreiche Regionalfloren, die nur den Artenbestand kleinerer Gebiete oder nur bestimmte Verwandtschaftsgruppen behandeln, etwa Moosfloren oder Floren, die nur die artenreich vertretenen heimischen Gräser vorstellen.

Gelegentlich trifft man auch auf den Begriff Pilzflora. Diese Bezeichnung ist zwar eingeführt und daher auch kaum auszumerzen, aber insofern kritisch zu sehen, weil die Pilze – obwohl sie noch bis weit in das 20. Jahrhundert konstant in den etablierten Lehrbüchern der Botanik auftauchten – nach modernem systematischen Verständnis keine (verhinderten) Pflanzen sind, sondern innerhalb der Domäne der zellkernführenden Organismen (Eucarya) mit ihren vielen Sondermerkmalen zu Recht als Repräsentanten eines eigenen Organismenreichs Fungi (neben den drei weiteren wie Protisten [überwiegend Einzeller], Pflanzen [Plantae] und Tiere [Animalia]) gelten (Abb. 1.4). Auch die Bezeichnung Flechtenflora ist in diesem Kontext zu sehen, denn die zweifellos seltsamen Flechten, die traditionell unter dem Begriff Licheno-

a

b

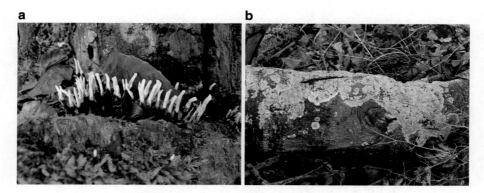

Abb. 1.4 **(a)** Nach neuerem Verständnis sind die immer etwas absonderlich aussehenden Vertreter der Pilzflora keine Mitglieder des Pflanzenreichs, sondern gehören in ein eigenes Organismenreich: im Bild die aparte Holzkeule (*Xylaria hypoxylon*). **(b)** Flechten sind äußerst seltsame Doppel- bzw. Mehrfachwesen, die den Systematikern lange Zeit Probleme bereiteten. Heute versteht man sie als ernährungsphysiologisch spezialisierte Pilze – so auch die häufige Gelbe Wandflechte (*Xanthoria parietina*)

phyta (Flechtenpflanzen) geführt wurden, sind nach neuerem Verständnis ernährungsphysiologisch spezialisierte Pilze und daher Mitglieder im Organismenreich Fungi (Abb. 1.4b).

Kleiner Ausdruck großer Eindrücke

Soweit es überhaupt schriftliche und/oder bildliche Zeugnisse gibt, haben Blumen in sämtlichen Hochkulturen und zu allen Zeiten eine bewundernde Wahrnehmung erfahren, obwohl Blüten und Blumen im Leben der Pflanzen nur eine vorübergehende und damit zeitlich durchaus begrenzte Erscheinung sind – eben ein relativ kurzes Übergangsstadium zwischen Keimen, Wachsen, Fruchten, Reifen und Vergehen –, man nennt diesen Lebensabschnitt der Blüten und Blumen Anthese. Die unstrittige formale Ästhetik, mit der sich fast alle Blumen in Szene setzen und jeweils Begeisterung sowie Freude auslösen, ist nach übereinstimmender Aussage der meisten Psychologen gewiss ein höchst subjektives und besonders durch die kulturelle Vorformung des Wahrnehmenden entscheidend mitgeprägtes Empfinden. Andererseits muss es aber nachdenklich stimmen, dass die Menschen offenbar nicht die einzigen Fans der florierenden Flora sind. Nicht wenige Tiere nehmen Blüten und Blumen umso eher wahr und reagieren darauf mit gezielter Hinwendung, je eher diese auch unser eigenes Formempfinden ansprechen (Abb. 1.5). Blüten und

Abb. 1.5 Immer wieder ein schönes Erlebnis zum Hinsehen: emsiger Bienenbesuch schon im Frühjahr beim Gartenkrokus (*Crocus chrysanthus*)

Blumen hat die Evolution aber sicherlich nicht primär für die Menschen entwickelt. Sie stehen in einem gänzlich anderen Funktions- bzw. Bedeutungszusammenhang. Erst die menschliche Kultur hat sie aus ihrem biologischen Auftrag gelöst und zur dekorativen Zutat für mancherlei Anlässe instrumentalisiert. Man liest und spricht von Blumenschmuck, Blütenzier, floralem Design oder – um eine zunehmend häufig zu vernehmende Vokabel zu verwenden – fallweise sogar von Flower-Power. Der irische Autor Brendan Lehane hat sicherlich recht mit seiner Notiz, dass die Pflanzen und insbesondere die Blumen in beachtlichem Maße tatsächlich Macht über uns ausüben. Sie vereinnahmen unser Gefühlsleben und werden umgekehrt auch Ausdruck besonderer Empfindungen.

Die Ursprünge solcher Vorlieben verlieren sich zugegebenermaßen im diffusen Dämmer der Vorgeschichte. Grundmotiv sind aber immer die gerade mit den Blumen verknüpften Gefühlsregungen. Nichts vermag offenbar die emotionalen Schwingungen und Sehnsüchte der Menschen intensiver auszudrücken als Blumen – entweder als kostbares Einzelstück oder als sti(e)lvoller Blumenstrauß, als Gebinde, Girlande oder Kranz. Man schenkt Blumen als Willkommengruß und zum Abschied. Man bringt sie in Ein- oder Mehrzahl zum herzklopfend erwarteten Rendezvous mit, als Dank für eine Einladung zum Abendessen, als nette Geste zur Geburtstagsparty oder anlässlich besonderer Ereignisse im Berufsleben: Die glücklichen Examensabsolventen, die Operndiva nach einem brillanten Auftritt, die hinreißende Schauspielerin, die strahlende Wahlkampfsiegerin oder die begeisterten Finalisten eines be-

Abb. 1.6 Je dunkler rot, umso wirksamer: Als Botschafterin innigster Gefühle ist eine Rose kaum zu toppen

deutenden Sportevents bedenkt man mit einem dem Anlass angemessenen Blumenarrangement. So transportiert man formvollendet Glückwünsche, Freude, Bewunderung und in jedem Fall eine Menge Mitgefühl (Abb. 1.6). Überwiegend, aber durchaus nicht ausschließlich, sind es Adressatinnen, die man mit Blumen bedenkt und beschenkt – „die" Blumen und „die" Damen liegen semantisch wie syntaktisch doch so überzeugend harmonisch auf der gleichen Linie. In diesem Zusammenhang ist auch daran zu erinnern, dass viele hübsch klingende Mädchennamen gleichzeitig auch als Pflanzen- bzw. deren wissenschaftliche Gattungsnamen in Gebrauch sind. Beispiele sind Daphne, Erica, Iris, Jasmin, Lilli, Margerite, Rosa, Veronica oder Viol(ett)a. In Schweden nennt man Mädchen auch einfach Blomma (Blume), in Frankreich unter anderem Fleur. Der jiddische Mädchenname Raissa oder die iranische Nasrin bedeuten Rose. Bezeichnenderweise schmückt man mit Blumen auch die Altäre in Kirchen und Kapellen oder die in vielen Regionen noch präsenten Wegkreuze oder Bildstöcke. Blumen begleiten uns eben immer und überall.

Mit Blumen gibt die oder der Schenkende ein Stück Seele weiter – an Mütter, Eltern, Geliebte, Kinder, Freunde, Kranke oder sonst wie zu bedenkende

Mitmenschen. So mancher kleine oder große Strauß hat dabei sogar Weltgeschichte geschrieben. Queen Victoria schenkte Prinz Albert noch vor der Hochzeit eine Blume, für die der darob Hochbeglückte spontan einen Schlitz in seinen Rockaufschlag schnitt. Joséphine steckte dem Vernehmen nach Napoleon beim ersten Zusammentreffen einen Veilchenstrauß zu. Diese kleine Pflanze hielt der Grand Empereur fortan in besonderen Ehren und später avancierte sie gar zum Wahrzeichen der Bonapartisten. Die rote Nelke im Knopfloch – heute wohl eher aus der Mode gekommen – war lange Zeit ein offenbar unverzichtbares Attribut der Sozialistenaufmärsche zum Ersten Mai, scheint aber heute etwas aus der Zeit gefallen zu sein. Blumen sind unverzichtbare Begleiter bei vielen Lebensstationen.

Blumen als Symbol

Der an eine besondere Blume geknüpfte Ausdruck eines Eindrucks führt direkt in ein anderes spannendes Segment der Kulturgeschichte, in dem die Fantasien üppig blühen dürfen: Der offenbar vielsagende und die Seele hochwirksam ansprechende pflanzliche Zierrat ist nämlich über seinen dekorativen Wert weit hinaus ein in der Wahrnehmung fest verankertes (aber heute nicht mehr immer verstandenes oder verständliches) Symbol. Fast könnte man sagen, dass Blumen beredt sind, auch wenn sie nach objektiven Kriterien zuverlässig schweigen, wie Nicolaus Lenau in den oben wiedergegebenen Eingangszeilen treffend feststellt. Das zeigen schon allein so manche ergreifende Pflanzennamen wie Vergissmeinnicht, Gedenkemein oder Tränendes Herz, in denen innigste Gefühle greifbar werden.

In seinem berühmten um 1445 entstandenen Altar der Stadtpatrone, auch Dreikönigsaltar genannt, einem der bedeutendsten Ausstattungsstücke im Kölner Dom und zweifellos auch ein hervorhebenswertes Meisterwerk spätmittelalterlicher Tafelmalerei, hat der Maler Stefan Lochner (ca. 1410–1451) bemerkenswert kenntnisreich mehrere Dutzend blühender Pflanzenarten dargestellt, und zwar nicht allein als schmückende Zutat wegen ihrer ästhetischen Wirkung, sondern weil sie im Mittelalter als spezielle Sinnbilder verstanden wurden und mithin eine besondere Aussage oder Botschaft trugen. So finden sich auf dem Altarbild neben Akelei, Gänseblümchen, Lilie oder Veilchen auch die in anderen Werken Lochners häufig verwendete und fast immer stachellos dargestellte Rose. Möglicherweise eher zweckfrei haben viele weitere Maler aller Epochen Blumen und Blumenarrangements dargestellt, aber auch sie haben ihre besonderen Geheimnisse, beispielsweise die Seerosen, die Claude Monet (1840–1924) in seinem Garten in Giverny an der

Seine malte, oder die zwischen 1888 und 1889 entstandenen berühmten
Arrangements mit drei, fünf, zwölf oder gar 15 Sonnenblumen von Vincent
van Gogh (1853–1890). Eines ihrer Geheimnisse gaben sie erst im Jahre 2012
preis: Vincent hat meist eine relativ seltene Mutante dargestellt, deren Erbgut
erst jüngst entschlüsselt wurde, denn seine Sonnenblumen sehen so ganz anders aus als die üppigen Prachtexemplare aus dem sommerlichen Garten.

Generell symbolisieren Blumen Lebensfreude und Lebenskraft und somit
zumindest in den Kulturen der gemäßigten Breiten das Ende des Winters
bzw. den Beginn des Frühlings. Die im antiken Rom mit reichlichem Blumen-
einsatz begangenen berühmt-berüchtigten, weil meist ziemlich aus-
schweifenden Floralien haben wir schon erwähnt. Eine moderne und gewiss
deutlich moderatere Variante ist das von März bis April in Washington D.C. ge-
feierte National Cherry Blossom Festival, bei dem die vielen Hundert im
Jahre 1912 den USA von Japan geschenkten blühenden Kirschbäume (*Prunus
serrulata*) rund um das Lincoln Memorial im Vordergrund stehen. Zwei
Straßenzüge in der nördlichen Altstadt von Bonn sind ebenfalls mit rosa blühenden Zierkirschbäumen bepflanzt und jährlich zur Blütezeit das Ziel be-
trächtlicher und staunender Besucherscharen.

Im übertragenen Sinne stehen sprießende, aufblühende Pflanzen für den
Sieg des Lebens über den Tod. Davon ist zweifellos abzuleiten, dass sie auch
in der christlichen Ikonografie einen hohen, aber zunehmend so nicht mehr
verstandenen Stellenwert aufweisen: Die schalenförmig wie ein weites Gefäß
nach oben geöffnete Blütenhülle gilt generell als Hinweis auf das Empfangen
göttlicher Gaben, der ungetrübten Freude an der Natur im paradiesischen
Zustand, aber auch der Bewusstwerdung der Vergänglichkeit jeglicher irdi-
scher Schönheit. Alle diese Attribute – so die vorwissenschaftliche Erfahrung –
sind erst in den himmlischen Gärten von Dauer. Von daher rührt vermutlich
die in manchen Ländern verbreitete Sitte, Gräber als kleine Gärten zu gestalten. Neben den Blumen in ihrer besonderen Gestalt und Gestaltung haben
vor allem ihre Farben eine besondere Bedeutung, die dem früheren Menschen
selbstverständlich bekannt war: Weiß steht für Unschuld, Reinheit und Tod,
Rot für Blut und Vitalität, Blau für Geheimnis oder innige Hingabe und Gelb
für Sonne, Wärme und Zuwendung. Kulturhistoriker merken dazu nicht
gänzlich überraschend an, dass diese spezifisch christliche Blumensymbolik in
fast identischer (Be)deutung auch in anderen Kulturkreisen auftritt – in der
fernöstlichen, eher naturreligiös motivierten Mystik etwa ebenso wie in den
wenigen erhaltenen Beispielen aztekischer Lyrik. Im Biedermeier galt es in der
feinen Gesellschaft überdies als besonders schick, sich mithilfe von speziell
komponierten Blumengestecken und einer nach heutigem Empfinden reichlich gestelzten Blumensymbolik diffizile Botschaften zukommen zu lassen.

Die Primel mag als Kostprobe dienen: Der Absender verknüpfte damit die beglückende Nachricht, wonach „der Schlüssel zu meinem Himmel in deinem engelreinen Herzen liegt". Nun ja.

Noch ein paar weitere Kostproben? Im viktorianischen England entwickelten feine und vornehme, aber blasse und möglicherweise doch recht verklemmte Damenkränzchen eine besondere formale Sprache der Blumen – unter anderem nach dem Vorbild der Schriftstellerin Lady Mary Wortley Montague (1689–1762). In diesem floralen Vokabular standen die Pflanzen symbolhaft unter anderem für die folgenden Beziehungskomplikationen:

Prunkwinde	Koketterie
Akazie	Geheime Liebe
Hortensie	Du bist so kühl
Stiefmütterchen	Zufriedenheit
Löwenzahn	Undankbarkeit
Lungenkraut	Unbeachtete Schönheit
Berg-Ahorn	Neugier
Weinraute	Verschmähung
Magnolie	Beharrlichkeit
Rose (weiß)	Ich bin deiner nicht würdig
Zelosie	Du zierst dich so
Knollenlilie (Tuberose)	Verhängnisvolle Freude

Ein besonders bemerkenswertes und kulturhistorisch spannendes Einsatzgebiet von Blüten und Blumen als Symbole ist die Heraldik. Herrschergeschlechter und Königshäuser dekorierten ihre Fahnen, Schilde und Wappen häufig mit floralen Motiven. Eines dieser interessanten Beispiele ist der Ginsterzweig im Helmbusch des französischen Grafen Gottfried von Anjou. Er war der Begründer des erfolgreichen Hauses Plantagenet (abgeleitet von *planta genista* = Ginster), das immerhin von 1154 bis 1399 auf dem englischen Königsthron saß. Die zur symbolhaften Verklärung aufgestiegene Art ist nach heutiger Auffassung jedoch kein Ginster (Gattung *Genista*) oder ein Besenginster (Gattung *Cytisus*), sondern der im atlantischen Wirkkreis der Plantagenets weit verbreitete Stechginster (Gattung *Ulex*), der sich als echter Feger eher eignet als die ebenfalls nordwesteuropäisch verbreiteten Ginsterarten.

Eine besonders berühmte in der Heraldik verwendete Blume ist die stark stilisierte und meist weiß oder gelb wiedergegebene Lilie (Abb. 1.7). Sie ist als Bourbonenlilie eines der bekanntesten Motive in der dekorativen Kunst Frankreichs und wurde, nachdem Ludwig VII. sie bei den Kreuzzügen in seinem Banner führte, unter der Bezeichnung Fleur des Louis bzw. Fleur de Lis als Wahrzeichen der französischen Königswappen berühmt. Bis heute ist sie

Abb. 1.7 Fleur de Lis oder Bourbonenlilie – allerdings keine Vertreterin der Gattung *Lilium*, sondern eine stark stilisierte Schwertlilienblüte

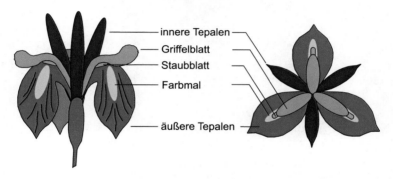

innere Tepalen

Griffelblatt

Staubblatt

Farbmal

äußere Tepalen

Abb. 1.8 Schematische Darstellung einer so auf den ersten Blick nicht immer verständlichen Schwertlilienblüte: Ansicht von der Seite (links) und von oben (rechts)

zudem Bestandteil des Stadtwappens von Paris. Im Jahre 1465 verlieh Ludwig XI. sie als Gnadenzeichen an die vor allem in Florenz wirkende Dynastie der Medici und folglich ist sie auch in vielen Bildwerken der italienischen Renaissance zu sehen. Botaniker haben allerdings mit der gattungsgenauen Zuordnung dieser heraldischen Blume größere Probleme, denn nichts an der über die Jahrhunderte etablierten Wappenlilie erinnert an die einfache und klare Kontur der Gattung *Lilium*. Bei genauerer Betrachtung und nach einigem Nachdenken erkennt man wohl eher die stark stilisierten Umrisse einer Schwertlilie (Gattung *Iris*) mit ihrer komplex aufgebauten Blütenhülle (Abb. 1.8), in der außer den sechs gestaltverschiedenen Blütenhüllblättern (drei kleine Hänge- und drei größere Domblätter) weitere drei auffällige Elemente auftreten, nämlich die großen, zum Griffeldach steil aufgerichteten

Abb. 1.9 Ein Bestand der schnittigen Schönheit Gelbe Sumpf-Schwertlilie (*Iris pseudacorus*) könnte seinerzeit dem Merowingerkönig Chlodwig eine sichere Furt durch den Rhein gewiesen haben

Narbenlappen. Ausdrücklich als Schwertlilie tritt sie tatsächlich erstmals als Attribut des Merowingerkönigs Chlodwig (466–511) auf. Er musste der Legende nach mit seinem Heer vor der entscheidenden Schlacht von Zülpich gegen die Westgoten im Jahre 496 bei Köln den Rhein überqueren und soll hier eine geeignete Furt am typischen Flachwasserbewohner Gelbe Sumpf-Schwertlilie (*Iris pseudacorus*) erkannt haben (Abb. 1.9) – eine für diese Zeitstellung sicher bemerkenswert kenntnisreiche vegetationskundliche Feststellung.

Während Blumen als Träger nationaler Identität bisweilen auf Münzen verwendet werden – die nordisch verbreitete Moltebeere (*Rubus chamaemorus*) auf dem finnischen 2-Euro-Stück, das alpin beheimatete Edelweiß (*Leontopodium alpinum*) auf der österreichischen 2-Cent-Münze – sind florale Motive auf europäischen Staatsemblemen bemerkenswert rar. Auch mehrere deutsche Bundesländer lassen eher Löwen und Pferde auftreten, aber nur das nordrhein-westfälische Landeswappen zeigt als Symbol für den dritten Landesteil (neben Nordrhein und Westfalen) die markante Lippische Rose, diese allerdings wegen starker Stilisierung botanisch nicht ganz korrekt und schon gar nicht als solche erkennbar dargestellt.

Blüten kulinarisch

Sie sind nicht nur hübsch anzusehen – man kann sie auch essen, obwohl Wurzeln, Stängel Blätter und Früchte in der Küchenkunst als Gemüse oder Salatzutaten eine ungleich erfolgreichere Karriere vollzogen haben. Gänseblümchen und Löwenzahnköpfe auf dem Butterbrot, Borretschblüten im Salat und Kapuzinerkresse auf der Suppe sind eine dekorative, aber auch eine kulinarische Bereicherung (Abb. 1.10).

Obwohl er so heißt, nimmt man ihn nicht unbedingt als blumiges Gebilde wahr: Viele Kohlsorten bereichern das Gemüseangebot aus dem Garten mit seltsamen Blättern (Krauskohl) oder Superknospen (Weißkohl, Rotkohl), aber beim Blumenkohl, der so schon seit dem 16. Jahrhundert bekannt ist, konsumiert man tatsächlich üppig ausgeuferte Blütenstände ohne ausdifferenzierte Blüten. Eine besonders interessante Variante ist der aus Mittelitalien stammende, leicht grünliche Romanesco: Sein Blütenstand zeigt mit Selbstähnlichkeit auf verschiedenen Ebenen tatsächlich fraktale Geometrien und ist damit geradezu nach mathematischen Gesetzmäßigkeiten angelegt. Nicht ganz so regelmäßig komponiert zeigt sich der Brokkoli. Die dunkelgrüne Oberfläche der in Kochbüchern als Brokkoliröschen bezeichneten Teile sind die Kelchblätter und nicht selten lugen daraus die Spitzen der gelben Kronblätter vor.

Blumiges bzw. Geblümtes ist aber auch anderweitig eine weithin beliebte Komponente in der Kulinarik. Nicht wenige Buchtitel befassen sich eingehend mit diesem speziellen Einsatzgebiet und empfehlen beispielsweise Gänseblümchen, Kapuzinerkresse, Klee, Lavendel, Malven, Primeln, Rosen bzw. Stiefmütterchen oder Veilchen als dekorierende Elemente in Salaten bzw. als eigenständige Zubereitungen.

Abb. 1.10   Blüten kann man – wie alle übrigen geeigneten Pflanzenteile – auch essen. Aber Vorsicht – nur solche Arten sind für den kulinarischen Einsatz tauglich, deren Unbedenklichkeit gewiss ist. Sonst gilt: Augen auf, aber Mund zu

Gelüftete Geheimnisse

Novalis (Friedrich Leopold von Hardenberg, 1772–1801), der auch das oft zitierte Bild von der blauen Blume in die Gefühlswelt der Romantik einführte, schrieb 1797, das Paradies habe sich in ein Legespiel mit ringsum verstreuten Teilen aufgelöst. Seine Schönheit sei nur zu entdecken, wenn man diese wieder aufs Neue zusammensetze. Dieses sicher romantisch verklärte Bild lässt sofort an Blumen in Feld und Flur, in Gärten und Parkanlagen denken: Auch sie gehören zu den Fragmenten, nach denen zu suchen wäre, und eine jede von ihnen liefert eine überraschende Zutat zu einem bunten Gesamtbild.

Der Blick in die Kulturgeschichte lehrt auch, dass fast alle häufigen heimischen Wildpflanzen und auch viele der als ausgesuchte Dekorationsstücke für irdische Gärten importierten Exoten eine wichtige Rolle in Märchen, Mythen und Sagen, aber auch in Brauchtum und Kunst spielen. Die aus heutiger Perspektive mitunter eher naiv anmutenden praktischen Funktionszuweisungen, die man den berühmten Kräuterbüchern der frühen Neuzeit entnehmen kann, beispielsweise den Werken von Otho Brunfels (Straßburg 1532), Leonhart Fuchs (Basel 1543) oder Hieronymus Bock (Straßburg 1577), mögen in Teilen auf empirische Befunde und tradiertes Erfahrungsgut zurückgehen, aber Botanik in einem etwas moderneren Sinne bieten sie eher nicht. Das wird bereits bei ihren höchst umständlich formulierten Pflanzenbeschreibungen deutlich, was eben ihrer Zeitstellung zugute zu halten ist. Erst das aufklärerisch-analytische Vorgehen des 17. und 18. Jahrhunderts erlaubte eine gänzlich andersartige Blickweise.

Obwohl der Zusammenhang von Wachsen, Blühen und Fruchten zwischen Aussaat und Ernte im Prinzip schon seit der neolithischen Revolution mit dem kulturgeschichtlich bedeutsamen Übergang zur planmäßigen Pflanzenproduktion bekannt war, kam offenbar niemand auf die Idee, dass auch bei den Pflanzen und besonders in deren Blüten die Geschlechtlichkeit eine Rolle spielen könnte. Diese Überzeugung ist offenbar tief bei den antiken Autoren verankert. Der römische Dichter Ovid beschrieb in seinen *Metamorphosen* mehrere Szenarien aus der Mythologie, in denen ein anmutiges weibliches Wesen von einer liebestollen Gottheit bedrängt wird und sich nur durch Verwandlung in ein Gebüsch oder gar eine Blume den heftigen Nachstellungen entziehen kann. Die Blüte war somit gleichsam eine unerschütterliche Bastion der Unschuld. Pflanzen galten damit geradezu als engelgleich geschlechtslose Lebewesen. Die sonst aus dem „richtigen Leben" bekannten Leidenschaften und Liebesdramen fand man so bei den Pflanzen zunächst nicht. Aber: Man hatte offenbar nicht genau genug hingesehen, denn die

Abb. 1.11 Dattelpalmen (*Phoenix dactylifera*) sind in Vorderasien weit verbreitete und beliebte Nutzpflanzen. Weibliche Exemplare tragen aber nur dann Früchte, wenn in einem Palmenhain auch ein paar männliche Individuen wachsen

Sexualität der Blütenpflanzen fand man – ohne die Details ganz genau zu durchschauen – rein empirisch heraus, und zwar am Beispiel der im Orient weit verbreiteten und geschätzten Dattelpalme (*Phoenix dactylifera*, Abb. 1.11). Bei dieser Spezies entwickeln sich die Früchte nur auf weiblichen Bäumen. Aber: Anpflanzungen von Dattelpalmen sind nur dann ertragreich, wenn einerseits weibliche Pflanzen überwiegen und andererseits einzelne männliche Bäume in der Nähe stehen. Dieses Verhältnis findet sich als strikte Pflanzanweisung bereits im rund 3800 Jahre alten Codex des Hammurabi, dem ersten Gesetzbuch der Welt. Entsprechend hilft man der Sexualität auch erfolgreich nach: Ein 2500 Jahre altes Relief aus Assyrien zeigt, wie Arbeiter männliche Blütenstände in weibliche Dattelpalmen hängen. Dattelpalmen sind windbestäubt und mit dieser räumlichen Nähe männlicher und weiblicher Blüten steigerte man den Fruchtertrag erheblich.

Die Details dieses Effekts wurden erst im späten 17. Jahrhundert deutlich. Der Arzt und Botaniker Rudolf Jacob Camerarius (1665–1721), Professor in Tübingen und Leiter des dortigen Botanischen Gartens, konnte durch gezielte Experimente den Nachweis führen, dass sich reife, keimfähige Samen nur dann entwickeln, wenn zuvor die Narbe mit Pollen in Kontakt kam. Er experimentierte mit Rizinus, Maulbeere sowie mit der Waldpflanze Bingelkraut und fand heraus, dass sich bei weiblichen Exemplaren die Früchte nicht planmäßig entwickeln, wenn sie isoliert von männlichen Exemplaren

aufwachsen. Er beschreibt die Staubgefäße als männliches und den Fruchtknoten als weibliches Organ in den Blüten und schließt aus seinen Beobachtungen, dass beide für die Fruchtentwicklung unentbehrlich sind. Diese
und vergleichbare Feststellungen waren der entscheidende Durchbruch – Camerarius hatte die pflanzliche Sexualität entdeckt. Seine neue Sicht der Dinge
fasste er 1694 in einem lateinisch geschriebenen 80-seitigen Brief (*De sexu
plantarum*) an einen Gießener Kollegen zusammen. Joseph Gottlieb Kölreu-
ter (1733–1806) wusste es wenig später noch genauer: Er fand lange vor Gre-
gor Mendel heraus, dass die vom Pollen mitgebrachten Eigenschaften in der
Folgegeneration auftreten, und formulierte erstmals auch den Unterschied
zwischen Wind- und Tierbestäubung.

Nochmals wenige Jahrzehnte später, im Jahre 1735, veröffentlichte der berühmte schwedische Naturforscher Carl von Linné (1707–1778) sein
Monumentalwerk *Systema Naturae* und teilte darin die zu seiner Zeit bekannten Blütenpflanzen nach Anzahl, Verteilung und Verwachsung der
pflanzlichen Geschlechtseinrichtungen in 23 Klassen ein. Die erstaunten zeit-
genössischen Fachkollegen waren von diesem neuen und zunächst schlüssigen
System restlos begeistert, aber andererseits meldeten sich auch etliche Moral-
prediger zu Wort. Nach ihrer Ansicht hatten die Blumen damit ihre Unschuld
verloren, waren geradezu anstößig geworden und gefährdeten insbesondere
die weibliche Jugend. *Sex in Your Garden*, wie ein moderneres Buch über die
Biologie der Gartenblumen titelt, wäre für das 18. Jahrhundert nicht einmal
eine gewöhnungsbedürftige, sondern schlicht eine völlig degoutante und
daher unannehmbare Vorstellung gewesen. Noch acht Jahrzehnte nach dem
Erscheinen von Linnés epochalem Werk entrüstete sich selbst Johann Wolfgang von Goethe (1749–1832), sonst ein erklärter Pflanzenfreund, über dessen neuartiges System: „Wenn unschuldige Seelen, um durch eigenes Stu-
dium weiter zu kommen, botanische Lehrbücher in die Hand nehmen, können sie nicht verbergen, dass ihr sittliches Gefühl beleidigt sei; die ewigen
Hochzeiten, die man nicht los wird, wobei die Monogamie, auf welche Sitte,
Gesetz und Religion gegründet sind, ganz in vage Lüsternheit sich auflöst,
bleiben dem reinen Menschenverstand unerträglich."

Solche vielleicht doch ein wenig prüde Befangenheit erscheint aus heutiger
Perspektive (zumal im Fall von Goethe …) nur wenig verständlich, sollte aber
dennoch nicht allzu mitleidig belächelt werden. Die neue Erkenntnis brach
eben zu plötzlich und zu radikal mit den über viele Jahrhunderte gefestigten
Überzeugungen und konnte sich daher erst nach und nach durchsetzen.

Einen weiteren wichtigen Meilenstein dazu, der zudem das Terrain für eine
eher sachlich unvoreingenommene Betrachtung vorbereitete, lieferte der
Spandauer Gymnasiallehrer Christian Konrad Sprengel (1750–1816) mit seinem 1793 in Berlin erschienenen genialen Werk *Das entdeckte Geheimnis der*

Natur im Bau und in der Befruchtung der Blumen. Während sich Camerarius und einige weitere Forscher jener Zeit bei ihren Untersuchungen weitgehend auf Versuche im eigenen Garten beschränkten, erschloss der höchst originelle Forscher Sprengel bei seinen Wanderungen durch die Mark Brandenburg der wissenschaftlichen Botanik geradezu schlagartig ein weites Feld, indem er vor allem Strukturen und Funktionen der Blüten in der freien Natur genauer in den Blick nahm. Sprengel war studierter Theologe und Philologe. Erst auf Umwegen, nämlich auf Anregung durch einen befreundeten Arzt, ließ er sich für die Botanik begeistern. In seinem Werk schildert er für viele wichtigen Vertreter der heimischen Flora sowie für zahlreiche Zierpflanzen (insgesamt 461 Spezies) mit bewundernswerter Exaktheit die bestäubungstechnischen Einrichtungen und stellt sie zudem auf 25 akribisch gezeichneten Tafeln vor (Abb. 1.12). Kern seiner Entdeckungen war die erstaunlicherweise bis dahin so nicht wahrgenommene Tatsache, dass zwischen Blumen und Insekten ein äußerst raffiniertes Gefüge von Wechselbeziehungen besteht. Sprengel begründete also mit seinen Beschreibungen die Blütenökologie, lange bevor es diesen Begriff gab. Bis auf wenige Angaben und Deutungen sind seine Feststellungen und Folgerungen auch aus heutiger Sicht absolut zutreffend.

Abb. 1.12 Tafel 18 aus Sprengels grundlegendem Werk *Das entdeckte Geheimnis der Natur im Bau und in der Befruchtung der Blumen* (1793) mit äußerst sorgfältig gezeichneten Darstellungen der bestäubungstechnisch relevanten Blüteneinrichtungen (Repro: BPK)

Sein für die Blütenbiologie epochales Werk blieb dennoch jahrzehntelang weithin unbeachtet. Der Autor geriet sogar als Fantast in Verruf, was ihn sehr verbitterte. Über seine Begeisterung für die Blütenbiologie vernachlässigte er gar seinen Schuldienst und wurde schließlich entlassen. Er starb verarmt, vereinsamt und verkannt. Schließlich kam er doch noch zu besonderen Ehren und völlig zu Recht steht im Botanischen Garten in Berlin-Dahlem sein Denkmal.

Zu den wichtigsten Wiederentdeckern von Sprengels Werk gehört der schottische Botaniker Robert Brown (1773–1858), Sohn eines anglikanischen Bischofs. Er befasste sich ebenfalls mit dem Reproduktionssystem der höheren Pflanzen und entdeckte unter anderem die Nacktsamigkeit der Nadelhölzer. Er kannte und schätzte Sprengels Werk und wies 1841 Charles Darwin (1809–1882) auf *Das entdeckte Geheimnis* hin. Darwin zeigte sich davon außerordentlich beeindruckt, wie man in seinen autobiografischen Notizen nachlesen kann, und verhalf dem Werk zu seiner verdienten Anerkennung.

Wenig später befasste sich Darwin (1809–1882) am Beispiel der heimischen und einiger außereuropäischer Orchideen eingehend und direkt mit blütenbiologischen Fragen, unter anderem mit dem Ziel, durch eine genauere Untersuchung der Kreuzbefruchtung (heute eher als Fremdbefruchtung verstanden) weiteres Material über die Variabilität der Arten zu sammeln. Im Jahre 1862 veröffentlichte er sein bewundernswertes und bis heute nur Insidern bekanntes Werk *On the Various Contrivances by which Orchids are Fertilized by Insects* – eine immer noch ausgesprochen lesenswerte Darstellung, in der er ausdrücklich auf das bedeutend Werk Sprengels zurückgriff und viele der darin niedergelegten sorgsamen Beobachtungen bestätigte (Abb. 1.13).

Blüten können berauschen

Braumalz und Hopfen (*Humulus lupulus*) sind neben gutem Wasser bekanntermaßen die wichtigsten Rohstoffe der Bierbereitung. Die Hopfenbitterstoffe (u. a. Humulone), die dem untergärigen Pils ebenso wie dem obergärigen Kölsch ihr unverkennbares Aroma (und ihre pharmakologischen Wirkungen) verleihen, werden aus den Harzdrüsen auf der Innenseite der Deckblätter der weiblichen Blüten gewonnen. Die weiblichen Blütenstände nennt man – botanisch nicht ganz korrekt – Hopfendolden; besser wäre es, von Hopfenzapfen zu sprechen. Weil zum Bierbrauen ein Kochprozess (Maische mit anschließendem Hopfensud) gehört, nennen Bierfans ihr Lieblingsgetränk gerne auch Hopfenblütentee.

Dem Hopfenharz entspricht übrigens das Harz der weiblichen Blütenstände seiner engen Verwandten (Rausch-)Hanf (*Cannabis indica*). Marihuana sind die getrockneten, blühenden Sprossspitzen weiblicher Pflanzen, Haschisch ist das daraus gewonnene Harz. Wirkstoffe sind Cannabinoide, vor allem THC (Tetrahydrocannabinol).

Abb. 1.13   Charles Darwin war den Insektentäuschblumen der Gattung *Ophrys* schon klar auf der Spur – so auch der Bienen-Ragwurz (*Ophrys apifera*), in der nicht einmal die Augenmarkierungen des vorgetäuschten Insekts fehlen

Zauber oder Entzauberung?

Die modernen Naturwissenschaften sehen sich oft dem Vorwurf ausgesetzt, sie vertieften sich zu sehr ins Detail und verlören dabei das Ganze aus dem Blick. Mit dem unaufhörlichen Analysieren und Sezieren trügen sie unweigerlich zur Entzauberung der Natur bei, weil sie die schönsten Naturwunder so schrecklich reduktionistisch in chemische Formeln und physikalische Gesetzmäßigkeiten auflösten. Die erstere Behauptung trifft (oft) zu, die zweite aber überhaupt nicht.

Wer in eine tiefe seelische Krise gerät, weil ihm die alten Waldbäume vermeintlich Grimassen schneiden oder weil bestimmte Himmelsereignisse fallweise einen roten Mond bzw. eine schwarze Sonne zeigen, ist dem ganz normalen Geschehen in der Natur womöglich doch recht hilflos ausgeliefert – und im Prinzip zu bedauern. Auch sehen wir aufgeklärten Menschen in den ersten Dezennien des 21. Jahrhunderts deutlich gelassener hin, wenn beim Gewitter die Blitze aus den Wolken fahren – wissen wir doch, dass dann nicht der wütende Wotan erneut seinen Unmut austobt, sondern sich schlicht elektrische Ladungen ausgleichen. Naturwissen(schaft) ersetzt eben Naturmystik. Ob die Natur mit dem analysierenden Seziermesser der verschiedenen Wissenschaftsdisziplinen – wie oft kritisierend behauptet – allerdings nachhaltig entzaubert wird, ist eine durchaus bedenkenswerte Frage – aber bei genauerem Hinsehen klar zu verneinen (vgl. Fischer 2014). Denn die zweifellos ungeheuer komplexe Natur in allen ihren Erscheinungsformen bleibt in jedem Fall ein umfassendes Faszinosum und je mehr man in ihren einzelnen Segmenten weiß und versteht, umso erstaunlicher und begeisternder erscheint sie. Von Entzauberung kann also nie und nimmer die Rede sein. Denn: Der besondere Charme einer Blume, ihre Attraktivität, mit der sie uns emotional vereinnahmt, ist auch und vielleicht sogar vor allem eine Frage der Nähe. Die Betrachtung einer Blüte in der Lupenvergrößerung und darunter, das Eintauchen in die auch hier überall verborgenen und sonst nicht wahrgenommenen, weil nicht ohne Weiteres zugänglichen Kleinwelten, fördert eine Menge faszinierender Einzelheiten zutage. Formen in jeglicher Größenordnung provozieren ihren Betrachter geradezu, sie in bewundernswerte, spannende und meistens auch überraschende Funktionszusammenhänge einzuordnen. Nur so kann Begeisterung für die Natur wachsen. Immerhin hat dies auch schon der große Carl von Linné und speziell die eingehendere Beschäftigung mit Blüten und Blumen als *scientia amabilis*, als liebenswerte Wissenschaft, bezeichnet.

Der bedeutende amerikanische Evolutions- und Soziobiologe Edward O. Wilson (1929–2021), für den längst ein Nobelpreis fällig gewesen wäre, veröffentlichte 1994 mit seinem Buch *Naturalist* einen Teil seiner unbedingt lesenswerten Lebenserinnerungen. Die deutsche Ausgabe erschien 1999 unter dem ungleich ansprechenderen Titel *Des Lebens ganze Fülle. Eine Liebeserklärung an die Wunder der Welt.* Das ist punktgenau eine vortreffliche Programmansage für die Inhalte des vorliegenden Buchs, auch wenn wir auf den folgenden Seiten überwiegend in der heimischen Flora unterwegs sein werden. Wer sich mit Blüten beschäftigt, wird auch hier das Staunen so schnell nicht verlernen.

Bis heute haben Blüten und Blumen neben ihrer faszinierenden Vielgestaltigkeit und symbolischen Bedeutung auch rein praktisch einen festen Platz in unserem Alltag (Abb. 1.14). Man verwendet besondere Arten als Färbemittel und zudem sind etliche auch phytomedizinisch im Einsatz, wie der nachfolgende Textkasten berichtet.

Heilende Blüten

Arznei- und Medizinalpflanzen werden oft in getrockneter als Teedrogen (Droge = Getrocknetes) eingesetzt. Je nach verwendetem Pflanzenteil bezeichnen die Apotheker die Teebestandteile mit dem wissenschaftlichen Namen der betreffenden Pflanze und dem lateinischen Wort für das eingesetzte Organ. Primulae flos sind Schlüsselblumenblüten und damit tatsächlich getrocknete Einzelblüten, während Tiliae flos keine einzelnen Lindenblüten, sondern komplette Blütenstände sind, und bei Chamomillae flos, den Kamillenblüten, etwas komplizierter aufgebaute Blütenköpfe mit zahlreichen Einzelblüten im Einsatz sind.

Abb. 1.14 Von Entzauberung keine Spur: Auch moderne Naturkundler und -wissenschaftler können sich am Anblick einer Blume – etwa der Schönen Zaunwinde (*Calystegia pulchra*) – erfreuen

Blüten können ziemlich giftig sein. Der Blaue Eisenhut (*Aconitum napellus*) ist die giftigste heimische Wildpflanze und wird nur noch in der Homöopathie verwendet. Auch bei Maiglöckchen (*Convallaria majalis*), Rotem Fingerhut (*Digitalis purpurea*) und Tollkirsche (*Atropa bella-donna*) sind die arzneilich genutzten Wirkstoffe in gewissen Konzentrationen auch in den Blüten enthalten.

Die von dem britischen Arzt Edward Bach (1886–1936) entwickelte Bachblütentherapie ist ein alternativmedizinischer Versuch, aber ohne nachweisbare Wirksamkeit – etwaige Erfolge beruhen nur auf Placeboeffekten.

In den obigen Textabschnitten war häufiger von Blüten und Blumen die Rede. Jetzt ist es an der Zeit, Gemeinsames und Unterscheidendes der beiden keineswegs synonymen Begriffe vorzustellen.

Die ergreifend dunkelrote Rose, die man aus besonderem Anlass überreicht, stellt sich in der kühl-distanzierten Sprache der Biologen eher wie in einem Autopsiebericht und lediglich als gedrängter Sporophyllstand mit zwei verschiedenen fertilen Sporophylltypen am gestauchten Sprossachsende dar, den eine festgelegte Anzahl steriler (aber gewiss hübsch anzusehender) Hüllblätter mit Schutzfunktion umgibt (vgl. Kap. 2). Solche Unterschiede in der Wahrnehmung der dunkelroten Rose sind gewiss beträchtlich, aber die eine kann so tief ansprechen wie die andere das wissende Auge erfreut. Der analytische Blick auf die Rose spult im Hintergrund der Betrachtung eine hochgradig spannende Entwicklungsgeschichte ab, für die die Evolution fast 200 Mio. Jahre vom unteren Devon bis zur mittleren Kreidezeit benötigte und deren lebendige Zwischenglieder wir auch in der heimischen Natur immer noch vorfinden. Empfindungs- und Sichtweisen sind eben oftmals komplementär und fügen sich erst als Ensemble zu einem wunderbaren Ganzen zusammen.

Nach wie vor ungeklärt bleibt jedoch die Frage, ob die Rose nun eine Blüte oder eine Blume ist. Immerhin erwirbt man eine Rose gewöhnlich im Blumen- und nicht im Blütengeschäft – sie ist unstrittig eine wunderschöne Blume, aber gleichzeitig auch eine bemerkenswerte Einzelblüte.

Kontrastprogramm: Auch die angeblich so monoton aussehenden, tatsächlich aber enorm typenreichen Gräser blühen und sind somit zweifelsfrei Blütenpflanzen, aber niemand käme auf die Idee, eine (in der Detailbetrachtung allerdings formalästhetisch durchaus ansprechende) Grasblüte als Blume zu bezeichnen (Abb. 1.15). Hier stehen sich offenbar zwei unterschiedliche Gestalt- und Gestaltungstypen gegenüber – auf der einen Seite die üppig bis protzig aufgemachten Blüten, die man wegen ihres auffälligen Erscheinungsbilds in der bürgerlichen Konnotation eben als Blumen bezeichnet, und auf der anderen Seite die eher bescheiden-einfach und meist auch gänzlich unbunt gestalteten Versionen vom Typ einer Grasblüte. Blüten sind die besonderen Reproduktionseinrichtungen der höheren Pflanzen also allesamt, aber von Blumen schwärmt gewöhnlich nur die bürgerliche Begrifflichkeit. Die Bezeichnung Blume allein ist somit kein etablierter botanischer Fachbegriff – er tritt allenfalls in Wortzusammensetzungen bei einzelnen Art- bzw.

Abb. 1.15 Süßgräser blühen an ihren Standorten in der Kulturlandschaft zwar in der warmen Jahreszeit unentwegt und zeigen diverse Strukturmodelle, aber als Blumen kann man sie trotz ihres dekorativen Werts nicht bezeichnen

Gattungsbezeichnungen wie Glockenblume, Schachblume, Schleifenblume, Schwanenblume, Sonnenblume sowie Spornblume oder im Diminutiv wie bei Gänseblümchen, Hungerblümchen und Tauernblümchen auf. Auch in der Typologie der verschiedenen Blütenformen taucht diese Bezeichnung und wiederum nur in Composita auf.

Eine Blüte (und ebenfalls eine Blume) ist das im folgenden Kapitel genauer skizzierte und immer faszinierende Strukturgefüge aus verschiedenen Blattorganen mit jeweils spezieller Aufgabenstellung in der Reproduktion. Blüten erfüllen ihre Vermehrungsaufgaben immer in der festgelegten Abfolge von Bestäubung, Befruchtung, Samenentwicklung und Fruchtreife. Entscheidender Schlüsselprozess in dieser durchaus spannenden Gesamtinszenierung ist die Bestäubung (Pollination), die uns in den Folgekapiteln aus mehreren Blickwinkeln beschäftigen wird. Bei manchen darauf spezialisierten Blüten (Blumen) erfordert die Bestäubung allerdings die enge Mitwirkung bestimmter Tiere. Das funktioniert nicht ohne wechselseitige Angepasstheiten einerseits im Aufbau, aber auch in den im Hintergrund beteiligten Einzelabläufen. Während eine Blüte also gleichsam nur die Struktureinheit der Bestäubung darstellt, könnte man eine Blume jeweils als deren Funktionseinheit kennzeichnen. Alltagsbegriffe sind mitunter in ihrem Begriffsinhalt stark verschliffen und verschleiern mehr, als sie erklären. Erst mit etwas erweitertem Wissen um die tatsächlichen Sachverhalte wird das verständliche Entzücken beim bloßen Anblick einer schönen Blume zu einem vertiefenden Seherlebnis (Abb. 1.16).

Abb. 1.16 Im Vergleich zu den Grasblüten hat dieser Vertreter der Liliengewächse Blüten- vs. Samenpflanzen als blumige Erscheinung eine ganz andere Evolution hinter sich

Obwohl auch viele Vertreter der Bärlappe und der Schachtelhalme am oberen Sprossachsenende Sporophyllstände tragen, die der einfachsten Definition einer zwar schmucklosen, aber funktionierenden Blüte vollauf genügen, zählt man sie in der botanischen Systematik konventionell nicht zu den eigentlichen Blütenpflanzen, für die zeitweilig sogar einmal die Fachbezeichnung Anthophyta üblich war. Blütenpflanzen im engeren und modernen Sinne zeichnen sich nämlich durch ein neues und zweifellos besonders fortschrittliches Merkmal aus, das so bei den Farnpflanzen noch nicht vorkommt, nämlich die Samenbildung. Der Samen ist eine junge Pflanze im Ruhezustand. Nach der erfolgreichen Bestäubung und der nachfolgenden Befruchtung im Fruchtknoten unterbricht der in der Samenanlage entstehende Embryo zum Ende der Vegetationsperiode seine weitere Entwicklung, gibt dabei den größten Teil seines Wasservorrats auf und fällt in eine Art Trockenstarre, aus der er erst beim Keimungsvorgang im nächsten Frühjahr wieder erwacht. Nach dieser gemeinsamen und als Angepasstheit an die Besiedlung des Festlands ebenso erfolg- wie folgenreichen Errungenschaft bezeichnet man die Blütenpflanzen mit Samenbildung gleich als Samenpflanzen oder mit dem Fachausdruck Spermatophyta.

Zwei große Verwandtschaftslinien lassen sich innerhalb der Spermatophyten unterscheiden, die für die weitere Beschäftigung mit der spannenden Biologie der Blüten und Blumen wichtig sind: Bei den Nacktsamern (Gymnospermen) liegen die Samenanlagen und später die ausgereiften Samen frei zugänglich (und damit nackt) auf den Fruchtblättern. Zu diesen urtümlichen Pflanzen, die vom ausgehenden Devon bis fast zum Ende der Kreidezeit das Pflanzenkleid der Erde beherrschten und heute nur noch mit rund 800 Arten vertreten sind, gehören die fiederblättrigen Palmfarne (Cycadeen), die fächerblättrigen Ginkgobäume und die Nadelhölzer. Die eigenartigen Gnetophyten mit ihren drei verbliebenen Gattungen sind zwar im Prinzip ebenfalls nacktsamig, vermitteln aber schon deutlich zur Folgegruppe: Diese umfasst die vermutlich aus rund 400.000 (oder sogar mehr) Arten bestehenden Bedecktsamer (Angiospermen). Bei diesen Pflanzen sind die Samenanlagen in einem Fruchtknoten eingeschlossen, der zur Reifezeit zur Frucht wird. Die bedecktsamigen Blütenpflanzen könnte man daher ebenso trefflich als Fruchtpflanzen bezeichnen.

Wie sie miteinander verwandt sind

Carl von Linné (1707–1778) schuf mit seiner Einteilung von 1735 ein künstliches System, in dem er die Blütenpflanzen nach Anzahl und Positionierung ihrer Blütenorgane gruppierte. Was nicht in dieses Ordnungsraster passte, geriet in eine eigene Schublade, nämlich die 24. Klasse Kryptogamen (Verborgenblütige): Hier finden sich als recht eigenwilliges Konglomerat Algen, Moose und Pilze sowie die Flechten, mit denen er so gar nichts anfangen konnte. Im lateinisch geschriebenen Werk *Systema naturae* tauchen sie mit der Notierung *„rustici pauperrimi"* (ärmlicher Landpöbel) auf.

Nachfolgende Forscher haben die Linné'sche Einteilung nachdrücklich verändert und immer wieder verfeinert, vor allem unter Berücksichtigung vieler Merkmalsklassen, von denen Linné noch nichts wissen konnte. Seit künstliches *Systema naturae* von 1735 wäre nach modernen Kriterien eher eine Taxonomie, während man heute als System eine Einteilung versteht, die wirkliche verwandtschaftliche, weil stammesgeschichtliche Zusammenhänge spiegelt.

Den neuesten Kenntnisstand gibt der Abschlussbericht der Angiosperm Phylogeny Group (= APG IV) aus dem Jahre 2016 wieder. Man kann sich per Internet unter einen Eindruck vom modernen Bild der Blütenpflanzenverwandtschaft verschaffen, das von den traditionellen Einteilungen nicht unerheblich abweicht und etliche mehr als gewöhnungsbedürftige Umstellungen brachte. So gehört der Rote Fingerhut (*Digitalis purpurea*) nicht mehr zu den vertrauten Rachenblütengewächsen, sondern nunmehr zu den Wegerichgewächsen (Abb. 1.17).

Abb. 1.17   Die moderne, auf molekularbiologische Daten gestützte Systematik der Blütenpflanzen erfordert mancherlei und immer noch gewöhnungsbedürftige Umlernprozesse: Der Rote Fingerhut (*Digitalis purpurea*) gehört nunmehr zu den Wegerichgewächsen (Plantaginaceae)

Ganz hartgesottene Botaniker und Pflanzenbegeisterte beschränken übrigens den Begriff Blüte auf die Angiospermen, bei denen die Sporophylle meist eine zusätzliche Verpackung aus besonderen Hüllblättern aufweisen. Mit der oben vorgenommenen Festlegung, wonach die einen oder mehrere Samen entwickelnde Blüte das unstrittige Hauptkennzeichen der Samenpflanzen ist, kann man sich allerdings weltweit sehen lassen.

2

Formen, Farben und Gestalten: Blütenarchitektur im Überblick

Man kann vor dem Kölner Dom stehen und die größte Kirchenfassade sowie die (einschließlich ihrer 17 m tiefen Fundamente) höchsten Kirchtürme der Welt gebührend bestaunen, aber ohne eine gewisse Vorkenntnis der gotischen Formensprache wird sich das beeindruckende Bauwerk dem Betrachter sicherlich nicht erschließen. Mehr Wissen bereitet auch in diesem Fall mehr Freude. Ähnlich verhält es sich mit den Blüten. Die nachvollziehbare naive Freude über ungewöhnliche Formen und tolle Farben lässt sich erfahrungsge-

Abb. 2.1 Die Blüten der Rotkelchigen Nachtkerze (*Oenothera glazioviana*) öffnen sich sekundenschnell knisternd (!) mit dem Einsetzen der Dämmerung

mäß beträchtlich steigern, wenn man die Formgefüge und Farbeffekte irgendwie in eine umfassendere Gesamtinszenierung ein- oder zuordnen und stilistische Unterschiede benennen kann.

Mag sein, dass ein völlig verzückter Betrachter, der sich an der ergreifenden Schönheit einer frisch entfalteten Blume (Abb. 2.1) in seinem Garten berauscht, mit exakten definitorischen Problemen gar nicht befasst werden möchte. Mag auch sein, dass man die Frage nach der eigentlichen Natur oder der genaueren begrifflichen Festlegung einer Blume in der Öffentlichkeit so gar nicht stellen darf, will man nicht riskieren, im günstigsten Fall äußerst mitleidig belächelt zu werden. Und doch: Es ist völlig unverzichtbar, auch die formalen Seiten von Blüten und Blumen in den Blick zu nehmen, denn sie sind Teil des intellektuellen Genusses, den uns schon allein ihr Anblick bereitet. Vieles erscheint doch erfahrungsgemäß spannender, je gründlicher man den betreffenden Sachverhalt hinterfragt. Und auch für Pflanzen gilt Goethes geniale Einsicht: „Man sieht nur, was man weiß." Recht hat er damit.

Blüten bzw. Blumen als wichtige Funktionsteile des vegetabilischen Fort „pflanzungs" systems zu verstehen, gehört unstrittig zum vorwissenschaftlichen Erfahrungsgut. Das aktuelle pflanzliche Reproduktionssystem in seinem entwicklungsgeschichtlichen Werdegang zu verfolgen, verspricht dagegen ein paar zusätzliche und ungleich aufschlussreichere Einsichten. Um hierzu einige wichtige Orientierungshilfen an die Hand zu bekommen, ist es nützlich, sich ein wenig im Vorfeld der mit Blüten ausgestatteten Pflanzen umzuschauen.

Wie alles anfing

Die häufig so bezeichneten niederen Pflanzen spielen in der Wahrnehmung der meisten Menschen eine eher untergeordnete Rolle, obwohl sie für sich betrachtet mindestens so schön wie Blumen und außerdem für den Naturhaushalt völlig unentbehrlich sind. Gerade deshalb schauen wir uns jetzt ein wenig bei den Farnen um, die interessante Stadien aus der Entwicklungsgeschichte der Landpflanzen darstellen und insofern eine wichtige Schlüsselfunktion für das Gesamtverständnis einnehmen.

Die heimischen Wedelfarne überraschen mit einem enormen Größenspektrum: Die kleinen mauer- oder felsbewohnenden Streifenfarne, zu denen die häufige Mauerraute (*Asplenium ruta-muraria*) und der Braunstielige Streifenfarn (*Asplenium trichomanes*) gehören, repräsentieren eher das untere Ende der Größenskala, der im Vergleich geradezu riesige und bis über 2 m hohe Adlerfarn (*Pteridium aquilinum*) deren oberes.

Während des Sommers entwickeln sich an den Unterseiten der grünen Farnwedel (Farnblätter) die Farnsporangien, die man mit einer guten Lupe als gestielte, kleine Behältnisse erkennen kann, die in ihren Formen ein wenig an die Helme der Schweizergardisten im Vatikan erinnern. Gewöhnlich stehen sie zahlreich in kleinen Gruppen (Sori) zusammen. Größe und Umriss der Sori sind gattungstypisch: Bei den Streifenfarnen (*Asplenium* spp.) sind es schmale Linien (Abb. 2.2), beim Tüpfelfarn (*Polypodium vulgare*) und beim Wurmfarn (*Dryopteris filix-mas*) eher kreisrunde Ansammlungen, beim Adlerfarn (*Pteridium aquilinum*) lang gezogene Randgebüsche an der Wedelkante. Bei der Sporenreife im Spätsommer und Frühherbst verfärben sich die Sporangien bräunlich. Weil sich Sporangien nur auf den Farnwedeln entwickeln, nennt man diese auch Sporophyten.

Die in den Sporangien entstehenden Sporen dienen ausschließlich der ungeschlechtlichen Vermehrung. Sie enthalten nur einen einfachen Chromosomensatz und sind demnach durch eine Reduktionsteilung (Meiose) entstanden.

Fallen sie auf geeigneten Boden, entsteht daraus zunächst noch keine neue Farnpflanze mit Wedelblättern, sondern ein kleines, Vorkeim (Prothallium) genanntes grünes Läppchen – höchstens fingernagelgroß und in der Natur nur schwer zu entdecken. Diesen unscheinbaren Winzlingen fällt jedoch die enorm wichtige Aufgabe zu, die geschlechtliche Vermehrung einzuleiten, denn die Farne praktizieren stets einen Generationswechsel mit einer Sporophyten- und einer Gametophytengeneration.

Auf der Unterseite entwickeln die gametophytischen Prothallien kleine, spezielle Behälter, Gametangien genannt, in denen auf mitotischem Wege die Geschlechtszellen (Gameten) entstehen (Abb. 2.3). Die mikroskopisch kleinen

Abb. 2.2 Beim atlantisch verbreiteten Hirschzungenfarn (*Asplenium phyllitis*) sind die zahlreichen Sporangien in länglichen Sori zusammengefasst

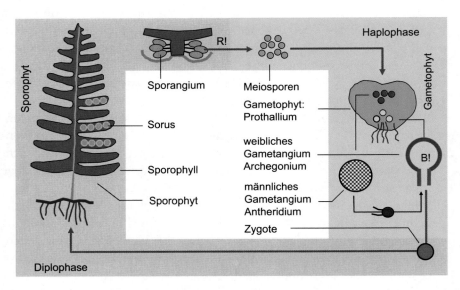

Abb. 2.3 Der Generationswechsel der Farne umfasst zwei getrennte Wesen – den Farnwedel (Sporophyt) und die winzige Geschlechtspflanze (Gametophyt), die jeweils aufeinander folgen. R! steht für Reduktionsteilung, B! für Befruchtung

männlichen Gameten sind begeißelt und heißen Spermatozoiden. Sie bilden sich in großer Anzahl in den männlichen Gametangien (Antheridien). Die weiblichen Gameten sind große, unbewegliche Eizellen – sie finden sich jeweils nur in Einzahl in den flaschenförmig gestalteten weiblichen Gametangien (Archegonien).

Bei feuchter Witterung schwimmen die beweglichen, weil begeißelten Spermatozoiden durch den überkleidenden Wasserfilm aktiv zu den Archegonien und befruchten darin die Eizelle: Der mitgebrachte männliche Gametenkern und der Eizellkern verschmelzen miteinander. Der entstehende Zygotenkern hat jetzt wieder zwei Chromosomensätze und ist demnach diploid. Die Zygote ist die erste Zelle des Sporophyten: Sie nimmt fast unmittelbar ihr Teilungswachstum auf und aus dem befruchteten Archegonium schiebt sich alsbald ein kleines Pflänzchen, das schon klare gestaltliche Anklänge an ein gegliedertes Farnblatt erkennen lässt. Die Vermehrung der Farne (wie auch das ganz ähnlich arbeitende Reproduktionssystem der Algen und Moose) schließt demnach jeweils eine Sporophyten- und eine Gametophytengeneration in direkter Folge ein – es liegt also ein klassischer Generationswechsel vor.

In den Alpen findet sich in lückigen Kalkmagerrasen und an erdigen Böschungen eine kleine, unscheinbare und höchstens fingerhohe Pflanze, die wie ein Moos aussieht, aber tatsächlich eine Farnpflanze ist und den bezeichnenden Namen Schweizer Moosfarn (*Selaginella helvetica*) trägt. Bei dieser kleinen Farnpflanze erscheinen die Sporangien nicht überall, sondern jeweils in Einzahl und nur auf bzw. zwischen den kleinen Blättern am oberen Ende der Sprossachse (Abb. 2.4). Außerdem sind die Sporangien deutlich

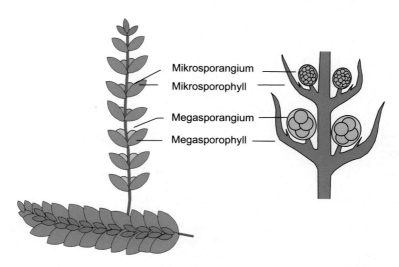

Mikrosporangium
Mikrosporophyll

Megasporangium
Megasporophyll

Abb. 2.4   Die differenzierte Sporophyllähre des Schweizer Moosfarns (*Selaginella helvetica*) repräsentiert eine wichtige Zwischenstation auf dem Weg zur Blütenevolution

größenverschieden: Es gibt größere Megasporangien mit relativ üppig be-
messenen Megasporen und zudem entsprechend kleinere Mikrosporangien
mit Mikrosporen. Bei den Moosfarnen findet sich an der Sprossachse also eine
rein vegetative Region mit kleinen, grünen Blättern, die nur der Ernährung
der Pflanze durch Photosynthese dienen, während die oberen Blätter vor
allem für die Vermehrung zuständig sind, weil sie als Sporophylle eben die
Sporangien tragen. Der kleine Moosfarn nimmt in der rezenten heimischen
Flora insofern tatsächlich eine wichtige Position ein: Er zeigt nämlich in einfacher und bestechender Klarheit, wie sich an einer höheren Pflanze die Auf-
gabenfelder Ernährung und Reproduktion trennen und auf gänzlich verschiedene Blattorgane verteilen.

Fortschritte auf dem Weg zur Blüte

Jetzt ist die Definition einer Blüte im Grunde genommen ganz einfach geworden: Sie ist tatsächlich nichts anderes als ein Sporophyllstand. Nur nennt man
ihre Sporophylle im bürgerlichen und fachlichen Sprachgebrauch üblicherweise ein wenig anders: Die Mikrosporophylle des Moosfarns heißen in einer
„richtigen" Blüte konventionell Staubblätter, während die Megasporophylle als
Fruchtblätter bezeichnet werden (vgl. Tab. 2.1). Die zunächst vielleicht doch
etwas störende Begriffsvielfalt ist historisch bedingt: Die bis heute üblichen
Sonderbezeichnungen bestanden eben schon, als man die entwicklungsgeschichtlichen Homologien und Zusammenhänge noch gar nicht so recht
verstanden hatte. Die reproduktiven Ähnlichkeiten zwischen Farn- und
Blütenpflanzen verdeutlicht zu haben, ist das Verdienst eines bemerkenswerten
Außenseiters: Friedrich Wilhelm Hofmeister (1824–1877) war Musikalien-
händler in Leipzig, beschäftigte sich aber sozusagen hobbymäßig mit der Biologie der Pflanzen und veröffentlichte 1849 sein aufsehenerregendes Werk

Tab. 2.1 Vermehrungseinrichtungen der Farn- und Blütenpflanzen im Begriffs-
vergleich

Bezeichnung bei den Farnpflanzen	… und bei den Blütenpflanzen
Megasporophyll	Fruchtblatt
Megasporangium	Samenanlage (Nucellus)
Megaspore	Einkerniger Embryosack
Megaprothallium	– Primäres Nährgewebe bei Nacktsamern
	– Mehrkerniger Embryosack bei Bedecktsamern
Mikrosporophyll	Staubblatt
Mikrosporangium	Pollensack
Mikroprothallium	Mehrkerniges Pollenkorn bzw. Pollenschlauch

über die Embryologie der höheren Pflanzen, für das er sogar die Ehrendoktorwürde der Universität Rostock erhielt.

Jetzt mag der vorsichtige Blick auf die Glockenblume an einem Mauerstandort mit Streifenfarnen vielleicht doch noch eine ungeklärte Frage aufwerfen, denn irgendetwas ist daran völlig anders als bei Moosfarn oder Bärlapp: Der Unterschied besteht in einer besonderen und bei den Blütenpflanzen tatsächlich neuartigen Verpackung der Sporophylle, die sich bei den Farnen so noch nicht findet. Staub- und Fruchtblätter werden nämlich von eventuell sogar mehrlagigen Blättern eingeschlossen, die man folgerichtig Blütenhülle nennt. Ihre Bauteile, die Kelch- und Kronblätter, sind meist, aber nicht immer auffällig gestaltverschieden, lassen sich aber dennoch problemlos aus der Laubblattregion weiter unten an der Sprossachse ableiten. Dafür findet man in der heimischen Blütenpflanzenflora fast alle denkbaren Übergänge und Zwischenszenarien.

Blüten sind nur Blätter

Im Prinzip ist der Aufbau einer Blüte ziemlich einfach zu durchschauen, vor allem deswegen, weil fast alle Blüten nach dem gleichen Grundbauplan angelegt sind: Sie bestehen tatsächlich nur aus – fallweise allerdings stark umgestalteten – Blättern. Bei den Moosen finden sich dazu erste vorsichtige Andeutungen. Bei den Farnen ist das Konzept bereits durchgehend gefestigt und für die Blütenpflanzen gilt es uneingeschränkt: Eine Pflanze besteht – gleichgültig wie sie auch im Detail aussehen mag – immer nur aus den drei Grundorganen Wurzel, Sprossachse und Blatt. Blätter (ent)stehen nur an der Sprossachse und niemals an einer Wurzel. Sprossachse und Blätter als ihre Anhangsorgane bilden zusammen den Spross. Weil eine Blüte in einfachster Betrachtung ein stark gestauchtes Sprossachsenende mit mehreren Sporophyllen darstellt, die direkt im Dienst der geschlechtlichen Fortpflanzung stehen, ist sie eben lediglich ein umgestaltetes Sprossende. Die einzelnen Organe und Funktionsbereiche einer Blüte sind demnach ausnahmslos umgebaute und entsprechend ihrer Aufgabenstellung speziell ausgeformte Blätter (Abb. 2.5), auch wenn es zunächst nicht so aussehen mag.

Abb. 2.6 erläutert die genaueren Bezeichnungen der üblicherweise vorhandenen Bauelemente einer Blüte.

Deren bis heute verwendete Bezeichnungen wie Perigon (Tepalen), Kelch (Sepalen), Kronblätter (Petalen) und Staubblätter (Stamina) gehen bereits auf den griechischen Naturkundler Theophrast von Eresos (371–287) zurück, den Begründer der wissenschaftlichen Botanik. Als Tepalen bezeichnet man sie, wenn sie

Abb. 2.5   Jede Blüte besteht immer nur aus funktionell umgestalteten Blättern

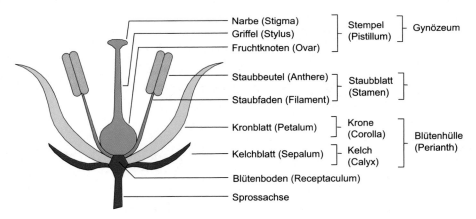

Abb. 2.6   Bauteile und ihre Fachbezeichnungen einer vollständigen Angiospermen-
blüte in der Längsansicht

so aussehen wie bei einer Tulpe (Abb. 2.7). Sepalen und Petalen sind üblicherweise
gestalt- und farbverschieden und so beispielsweise entwickelt bei einer Rose.

Bei der Blütenhülle ist die Blattnatur noch ohne Weiteres einzusehen. Bei
vielen Blüten bleiben die Kelchblätter auch nach dem Aufblühen grün, während die Kronblätter sich mitunter erst nach der Knospenöffnung ausfärben.

Abb. 2.7 Bei den meisten Einkeimblättrigen ist die Blütenkrone ein Perigon aus gleichförmigen Hüllblättern (Tepalen) wie bei der Trauben-Graslilie (*Anthericum liliago*)

Bei den Staubblättern ist die Blattnatur nicht so einfach zu erkennen. Betrachtet man vergleichend die Staubblätter einiger tropisch verbreiteter Pflanzenarten, lässt sich eine recht überzeugende Formenreihe mit schrittweise umgesetzter Vereinfachung von einer flächigen, fast noch wie ein Laubblatt aussehenden Konstruktion bis hin zum üblichen Gestaltungsmodell mit schmalem Stielchen (Filament) und großen Staubbeuteln (Antheren) zusammenstellen (Abb. 2.8). Dem vergleichsweise schwach entwickelten Leitbündel in der Antherenmitte fällt allerdings die wichtige Aufgabe zu, alle für die Pollenentwicklung in den Pollensäcken der benötigten Materialien heranzutransportieren. Ferner sind die Staubblätter zu keinem Zeitpunkt ihrer Entwicklung photosynthetisch aktiv und deshalb notwendigerweise Stoffimportregionen. Außerdem erfolgt die Pollenkornentwicklung in den Antheren bereits geraume Zeit vor der Blütenentfaltung in der noch fest verschlossenen Knospe und dann ist es in deren Inneren noch ziemlich dunkel.

Auch bei den Fruchtblättern fällt der Blattcharakter nicht sofort ins Auge, zumal bei sehr vielen Blütenpflanzen mehrere Fruchtblätter an den Rändern zu einem rundlichen und einheitlichen Hohlkörper, dem Fruchtknoten, verwachsen sind.

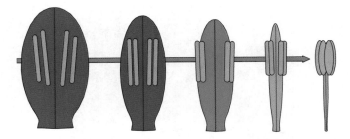

Abb. 2.8 Denkbarer Weg der Staubblattentwicklung: Anfangs liegen die Mikrosporangien noch frei auf der Blattfläche, zuletzt sind sie durch deren Reduktion zu den üblicherweise vierteiligen Antheren zusammengefasst

Für die Blattnatur der Blütenorgane spricht natürlich auch, dass sie ganz oben am Sprossvegetationspunkt genauso wie übliche Laubblätter als höckerförmige Ausbeulungen angelegt werden und in ihrem inneren Aufbau die gleichen Blattgewebe aufweisen: Nach außen grenzen sie sich mit einer einschichtigen Epidermis ab, in der es selbstverständlich auch Spaltöffnungen gibt, und das Blattinnere ist wie beim üblichen grünen Laubblatt in ein dichteres oder lückigeres Parenchym unterteilt. Diese Kenndaten sind allerdings nur der mikroskopischen Untersuchung zugänglich. Früher musste man sich dagegen auf den kritischen Vergleich nur der äußeren Form beschränken. Umso bemerkenswerter ist es, dass erstmals Johann Wolfgang von Goethe (1749–1832) die heute fest etablierte Sichtweise formulierte: „Es mag nun die Pflanze sprossen, blühen oder Früchte bringen, so sind es doch nur immer dieselbigen Organe, welche in vielfältigen Bestimmungen und unter oft veränderten Gestalten die Vorschrift der Natur erfüllen. Dasselbe Organ, welches am Stängel als Blatt sich ausdehnt und eine höchst mannigfaltige Gestalt angenommen hat, zieht sich nun im Kelche zusammen, dehnt sich im Blumenblatte wieder aus, zieht sich in den Geschlechtswerkzeugen zusammen, um sich als Frucht zum letzten Mal auszudehnen." Diesen Text schrieb Goethe in seiner berühmten, 1817 erschienenen Abhandlung *Versuch die Metamorphose der Pflanzen zu erklären*. Ausgangspunkt dieser zu seiner Zeit gänzlich neuen Theorie war eine Beobachtung, die er schon 1798 in seinem Gedicht *Metamorphose der Pflanzen, eine Elegie* verarbeitete. Es ging darin um die berühmte zentral durchwachsene Rose, eine gelegentlich bei Wild- und Gartenrosen auftretende Missbildung, bei der die Blütenteile von ihrem eigentlichen Gestaltbildungsauftrag abweichen und gleichsam wieder zu den Ursprungsformen zurückfinden: Die Kelchblätter sind bei dieser Abwandlung ganz normal fünfteilig gefiedert ausgebildet. Nach oben folgen dann wie üblich gefärbte und gestaltete Kronblätter, dann aber an der Stelle des Fruchtknotens ein Spross, der unten ein paar kronblattähnliche Lappen und weiter oben wiederum völlig normal gestaltete Laubblätter trägt. Goethe hat eine solche missgestaltete Rose aquarelliert. Später wurde danach ein Stahlstich angefertigt, der in vielen Lehrbüchern der Pflanzenmorphologie verwendet wurde. Aus moderner Sicht ist die Sachlage klar und fast selbstverständlich: Alle Bauteile der Blüte sind anlagegleiche, aber funktionsverschiedene Blätter und somit homolog. An der Wende vom 18. zum 19. Jahrhundert war das eine gänzlich bahnbrechende, wenn auch ein wenig idealistisch motivierte Erkenntnis.

Lange Zeit war es völlig geheimnisvoll, wie ein konventionell in die Länge wachsendes Sprossachsende plötzlich umgesteuert wird und zur Blütenblattbildung übergeht. Eine der wichtigsten Umweltgrößen, die hier auslösend eingreift, ist bei vielen Arten die zunehmende Tageslänge im Frühjahr. Die veränderte Photoperiode veranlasst in der Pflanze die Produktion bestimmter Hormone und die steigen durch das Leitgewebe nach oben. Der Befehl zur Um- und Ausbildung der Blüte kommt gleichsam per Rohrpost.

Nur bei den Bedecktsamern gehört zur Blüte fast immer auch eine Blütenhülle, die in jedem Fall Schutzfunktionen wahrnimmt und oft auch Bestandteil von Werbeauftritten ist. Bei den schon erwähnten Rosen, bei den Vertretern der Kreuzblütengewächse, der Nelkengewächse sowie der Schmetterlingsblütengewächse und vieler anderer Familien lassen sich in der Blütenhülle zwei verschieden gestaltete Blatttypen unterscheiden: Zuunterst tritt ein als Kelch (Calyx) bezeichnetes Blattensemble mit meist eher unauffällig grünen und recht kräftigen Kelchblättern (Sepalen) auf. An der entfalteten Blüte müssen sie nicht mehr unbedingt vorhanden sein, weil sie nach dem Aufblühen eventuell abfallen wie beim Klatsch-Mohn (*Papaver rhoeas*). Bei anderen Pflanzen sind die Kelchblätter sogar kräftig ausgefärbt und dann wirksamer Bestandteil der Gesamterscheinung einer Blüte wie etwa bei den Zaubernussarten (*Hamamelis* spp.). Beim Heidekraut (*Calluna vulgaris*) sehen die Kelchblätter genauso aus wie übliche (Abb. 2.9), in diesem Fall aber sehr kleine Kronblätter, während hier die nach Art gewöhnlicher Kelchblätter gestalteten Blattorgane kaum veränderte normale Laubblätter (Vorblätter) aus der vegetativen Region der Sprossachse sind.

Bei vielen Verwandtschaftsgruppen wie bei den Raublattgewächsen und bei den Lippenblütengewächsen übernimmt der Kelch wichtige Aufgaben bei der Ausbreitung der Samen bzw. Früchte. Bei der Judenkirsche (*Physalis alkekengi*) bläht sich der Kelch bei der Fruchtreife zu einem auffällig ausgefärbten, dekorativen und lampionartig geformten Gebilde auf. Bei manchen Arten umgibt den Kelch noch ein besonderer Außenkelch, so beispielsweise bei den Malven- und bei den Windengewächsen.

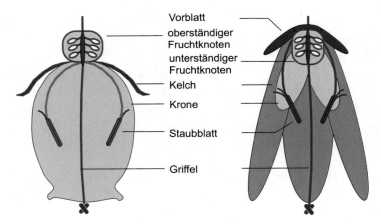

Abb. 2.9 Zwei sehr nahe Verwandte und trotzdem zwei Blütenbaustile: Glocken-Heide (links) und Besenheide (rechts)

Abb. 2.10 Beim Lungenkraut (*Pulmonaria officinalis*) erkennt man in der Seiten-ansicht die in Kelch und Krone gegliederte Blütenhülle (Perianth)

Üblicherweise folgen auf die Kelchblätter die deutlich größeren und vor allem auffällig gefärbten Kron- oder fallweise auch Blumenblätter (Petalen) genannten Gebilde. Sie bewerkstelligen gewöhnlich das blumige Gesamtout-fit einer Blüte und bringen in deren Erscheinungsbild geradezu unglaubliche visuelle Knalleffekte zuwege. Die Blütenhülle in der am weitesten verbreiteten Standardversion einer Blüte ist demnach zweiteilig und besteht aus Kelch sowie Krone. Ein solches Arrangement bezeichnet die Fachwissenschaft als doppelte Blütenhülle (Perianth, Abb. 2.10).

Natur ist niemals so ganz einfach und einheitlich, wie es sich naive Gemüter wünschen. So gibt es bei der Blütenhülle interessante Komplikationen. Allein die heimische oder in Gärten zu bestaunende Pflanzenwelt bietet dazu anschauenswerte Alternativen: Bei Gladiole, Krokus, Lilie Schwertlilie, Tulpe oder anderen Gartenschönheiten ist die Unterscheidung zwischen grünem Kelch und farbiger Krone gar nicht möglich. Nach dem Aufblühen sind bei diesen Pflanzen alle Blütenhüllblätter blumig bunt. Die Lehrbücher der Botanik und auch die meisten Bestimmungsbücher sprechen dann von einer einfachen Blütenhülle (Perigon) und nennen ihre Einzelelemente Perigonblätter bzw. Tepalen. Das hört sich nach einer klaren Festlegung an, ist es aber nicht.

Die begriffliche Unterscheidung von Perianth und Perigon ist nämlich ausgesprochen unglücklich und im Grunde genommen eher verwirrend als hilfreich. Erstens können auch beim Perianth die äußeren Elemente blumig sein, zweitens gehören die Teile eines Perigons immer zwei verschiedenen Etagen der Blütenhülle an und sind drittens nur in den seltensten Fällen untereinander völlig oder zumindest weitgehend gleich. Bei vielen Gartentulpen ist dies der Fall, ferner bei Goldstern (*Gagea* spp.), Zwiebel (*Allium* spp.), Lilie (*Lilium* spp.), Herbst-Zeitlose (*Colchicum autumnale*), Affodil (*Asphodelus albus*) oder Krokus (*Crocus* spp.). Sonst überrascht die Natur eher mit einer ganz anderen gestaltlichen Lösung: Bei der Wild-Tulpe (*Tulipa sylvestris*) sind die drei äußeren Blütenhüllblätter deutlich kleiner als die inneren, beim Schneeglöckchen (*Galanthus nivalis*) fallen sie völlig formverschieden aus und sind auch bei sämtlichen Arten der Schwertlilien (Gattung *Iris*, vgl. Abb. 1.8) klar zu unterscheiden. Bei allen Orchideen (Abb. 2.11), mit über 30.000 bisher beschriebenen Arten und ungezählt reichlich vorhandenen Varietäten die umfangreichste Blütenpflanzenfamilie überhaupt, sind die äußeren und inneren Perigonblätter generell grundverschieden. Wegen dieser beachtlichen Begriffsunschärfe und der zahlreichen Ausnahmen verwendet dieses Buch nur

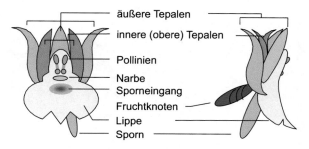

Abb. 2.11 Aufbau einer Orchideenblüte: Die Tepalen sind Perigonblätter – der äußere und der innere Kreis sind meist stark formverschieden. Die besonders groß und auffällig gestaltete Lippe ist das (in Endposition) untere (innere) Perigonblatt

ausnahmsweise die Bezeichnung Perigon bzw. Tepalen und spricht in den betreffenden Fällen lieber von äußeren bzw. inneren Blütenhüllblättern. Man sollte den Begriff Perigon auch in der Fachwissenschaft besser völlig aufgeben.

Blümchensex läuft ganz anders

In einer vollständigen Blüte folgen auf die inneren Blätter der Blütenhülle die mehr oder weniger zahlreichen Staubblätter (Stamina) – so bezeichnet, weil sie den pulverfeinen Blütenstaub (Pollen) hervorbringen. Die vergleichende Entwicklungsgeschichte identifiziert sie eindeutig als Mikrosporophylle, womit die Pollensäcke die Mikrosporangien darstellen und die Pollenkörner die Mikrosporen wären. Diese begriffliche Festlegung ist etwas ungewöhnlich, aber unstrittig (vgl. Tab. 2.1).

Kritisch und überdenkenswert wird die Sache jedoch, wenn man die Staubblätter (Abb. 2.12) vereinfachend und etwas treuherzig als „männliche Geschlechtsorgane" der Blüte bezeichnet. Schauen wir doch noch einmal genauer hin: Ein männliches Geschlechtsorgan produziert definitionsgemäß die männlichen Geschlechtszellen. Die vergleichende Ableitung der Blüte von den Sporophyllen der Farnpflanzen belegt aber eindeutig, dass ein Staubblatt ein Mikrosporangium ist, welches konsequenterweise nur Mikrosporen hervorbringt, und diese dienen wie alle Sporen ausschließlich der un-

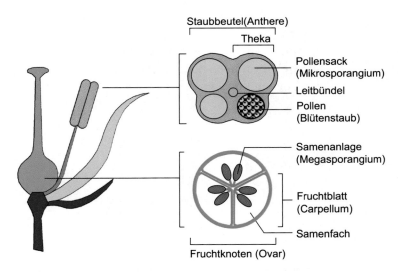

Abb. 2.12 Genereller Aufbau (schematisch) der inneren (generativen) Blütenorgane

geschlechtlichen (!) Vermehrung. Von einem Sexualprozess kann hier also beim besten Willen keine Rede sein. Spätestens an dieser Stelle gerät die übliche und leider auch oft lehrbuchnotorische Begriffsverwendung in eine beträchtliche Schieflage; sie ist genau betrachtet sogar falsch. Erst in den Pollenkörnern (Mikrosporen) entwickelt sich ein sehr stark vereinfachter männlicher Gametophyt und erst dieser steuert die männlichen Gameten (Geschlechtszellen) bei. Insofern ist die Pollenübertragung zwischen den Blüten (Bestäubung) absolut kein Sexualakt, auch wenn manche naiven Versuche an diesem Beispiel unterprivilegierten Landmädchen das Wesen der Sexualität zu erklären versuchen. Der eigentliche pflanzliche Sexualprozess findet erst tief unten in den Samenanlagen statt. Die vermeintliche Analogie zu den Sexualprozessen bei Tieren (und Menschen) ist zwar naheliegend und irgendwie rührend, biologisch jedoch grundfalsch und – um im Bild zu bleiben – total verstaubt. Dennoch ist für die Gesamtheit aller Staubblätter einer Blüte die Bezeichnung Andrözeum (sinngemäß übersetzbar als Männerwelt) üblich und selbst in höchst akademischen Abhandlungen verankert.

Anfangs Fruchtblatt, später Früchtchen

Die gleichen Bedenken betreffen die Bewertung der Fruchtblätter, die in der Blüte immer ganz oben bzw. in deren Zentrum stehen. Die Notierung als „weibliche Geschlechtsorgane" verkennt ebenfalls die biologische Sachlage. Ein Fruchtblatt (Karpell, Abb. 2.13) trägt eine oder mehrere Samenanlagen mit dem stark vereinfachten weiblichen Gametophyten und erst darin findet ganz im Verborgenen mit der Befruchtung und der Zusammenführung der männlichen und weiblichen Gametenkerne der eigentliche Sexualvorgang statt. Dennoch wurde für die meist miteinander zum einheitlichen Fruchtknoten verwachsenen Fruchtblätter der Begriff Gynözeum (wörtlich übersetz-

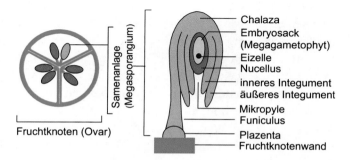

Abb. 2.13 Aufbau einer Samenanlage im Detail und deren Fachbezeichnungen

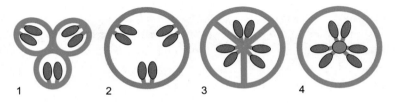

Abb. 2.14 Möglichkeiten der Positionierung von Samenanlagen im Fruchtknoten: 1 chorikarp, 2 parakarp/parietal, 3 synkarp/zentralwinkelständig (axial), 4 parakarp/zentral frei

bar mit Frauenhaus vom altgriechischen *gyne* = Frau und *oikos* = Haus) geschaffen und in der Lehrbuchwelt zementiert. Die Samenanlagen im Inneren des Fruchtknotens – und auch das ist eines der vielen Blütengeheimnisse – können vielerlei und für einzelne Verwandtschaftsgruppen typische Sitzplätze aufweisen (Abb. 2.14).

Nach Ablauf der Blütezeit – von der Knospenöffnung bis zum Abwelken zusammenfassend Anthese genannt – ist eine Blume meist nicht mehr besonders ansehnlich, obwohl sie auch jetzt noch viele faszinierende Abläufe zu bieten hat: Nach erfolgter Bestäubung und erfolgreicher Befruchtung wandelt sich der Fruchtknoten schließlich in ein junges Früchtchen um. Die in der Blüte meist grünliche und oft ziemlich dünne Fruchtknotenwand wird dabei zur kräftigen und später gänzlich anders ausgefärbten Fruchtschale. Die verführerische Kirsche aus Nachbars Garten, die betörend duftende Orange und die so rätselhaft krumme Banane waren einmal kleine grünliche und unauffällige Fruchtknoten mit durchaus geheimnisvollem Innenleben, auf die in der Zeit der Fruchtreife eine völlig neue Karriere wartet.

Alle auf dem rechten Platz

Beim Blick auf eine nicht blühende Pflanze mit beblättertem Stängel mag es zunächst so aussehen, als wären die einzelnen Laubblätter ziemlich regellos über die Achsenstrecke verteilt. Wie so oft im Leben – der erste Eindruck täuscht. Die Positionierung der grünen Blätter folgt einem geradezu mit mathematischer Akribie festgelegten Programm mit strenger Sitzordnung. Sprossachse bzw. Stängel gliedern sich in Knoten (Nodien) und die Abschnitte zwischen den Knoten (Internodien). Sitzt an einem Knoten nur ein Blatt, steht das Blatt des nächsthöheren Knotens nicht genau darüber, sondern ist um einen bestimmten Winkelbetrag versetzt. Die Blätter sind dann wechselständig. Von unten nach oben ergibt ihre Abfolge eine regelmäßige Spirale.

Nun kann man die Zahl der Umläufe bestimmen, um wieder auf ein höheres Blatt zu treffen, das (einigermaßen) genau über einem tieferen Vorgänger steht. Das lässt sich höchst elegant als Bruchzahl ausdrücken – die Zahl der benötigten Umläufe schreibt man in den Zähler, die Anzahl der beim spiraligen Aufstieg angetroffenen Blätter in den Nenner. Überraschend ergeben sich dann mit 1/2, 1/3, 2/5, 3/8 und 5/13 nur relativ wenige Grundtypen und noch überraschender ist, dass diese von den Botanikern Karl Schimper (1803–1867) sowie Alexander Braun (1805–1877) um 1830 herausgefundene Regelhaftigkeit exakt der berühmten Zahlenreihe entspricht, die nach dem italienischen Mathematiker Fibonacci (eigentlich Leonardo von Pisa, 1170–1250) benannt ist: Die Zähler- und die Nennersumme zweier Brüche ergeben die folgende Bruchzahl. Besonders eindrucksvoll zeigt sich gleichsam das Projektionsbild einer Fibonacci-Reihe bei Pflanzenarten, die wie der Breitwegerich (*Plantago major*) oder die Königskerzenarten (*Verbascum* sp.) eine vielgliedrige Blattrosette dicht am Boden entwickeln (Abb. 2.15). Auch die Blütenhüllblätter einer Weißen Seerose (*Nymphaea alba*) folgen dieser fundamentalen Regel – allerdings auf den ersten Blick nicht besonders klar erkennbar (Abb. 2.16).

Nun gibt es bei den höheren Pflanzen außer der wechselständigen auch noch andere Blattstellungen: An einem Knoten sitzen dann zwei Blätter genau gegenüber, was man als gegenständig bezeichnet. Geradezu familientypisch ist dieses Blattarrangement bei den Lippenblütengewächsen. Alternativ fin-

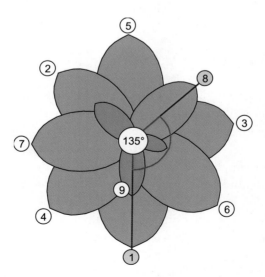

Abb. 2.15 Blattstellung nach Maßgabe einer Fibonacci-Zahlenreihe: Idealbild einer Blattrosette des Breit-Wegerichs (*Plantago major*)

Abb. 2.16   Bei der aparten Weißen Seerose (*Nymphaea alba*) folgt die Positionierung der Blütenhüllblätter ebenfalls einer Fibonacci-Zahlenreihe – sie ist hier nur schwerer erkennbar

den sich mit den Wirteln sogar mehr als zwei einzelne Blätter an einem Knoten, wie man es vom Waldmeister (*Galium odoratum*) und anderen Rötegewächsen kennt. Besonders die wirtelige Anordnung erleichtert das Verständnis des Blütenaufbaus sehr, denn sie liegt den meisten Blütentypen zugrunde. Dabei gelten nicht mehr die Fibonacci-Zahlen, sondern andere geometrische Konstruktionsprinzipien.

Achsen, Winkel und Etagen

Ein seitlicher Aufriss (schematischer Längsschnitt) einer Blüte zeigt, dass deren verschiedene Blattorgane jeweils auf besonderen Ebenen bzw. Etagen mit jeweils verkürzten Sprossachsenabschnitten untergebracht sind (vgl. Abb. 2.6). Liegt ein Perianth vor, besetzen die Kelchblätter die unterste Ebene, gefolgt von den Kronblättern auf einer eigenen Ebene, den oft auf zwei Etagen verteilten Staubblättern und den Fruchtblättern in Toplage. Die vollständige Blüte der Bedecktsamer lässt sich demnach als fünfstöckiges Gebäude beschreiben. Von oben in der Zentralperspektive betrachtet, scheinen alle Blattelemente jeweils auf Kreisen aufgestellt. Folglich spricht man jeweils von Kelch-, Kron-, Staub- und Fruchtblattkreis(en) (Abb. 2.6). Die benannte Blüte mit ihren fünf Blattkreisen nennen die gelegentlich zu ausufernden Fachausdrücken neigenden Biologen daher pentazyklisch (fünfkreisig). Die äußeren Staubblätter bezeichnet man auch als episepal, weil sie exakt über den Kelchblättern (Sepalen) stehen. Die inneren Staubblätter heißen entsprechend epipetal, denn sie stehen jeweils direkt über den Kronblättern (Petalen).

Das Projektionsbild einer Blüte zeigt diese bedeutsamen und weitere überraschende Bauregeln: Vergleicht man die Elemente zweier aufeinanderfolgender Blattkreise, so stehen die weiter oben (bzw. innen) positionierten exakt auf der Winkelhalbierenden ihrer Vorgänger und befinden sich somit liniengenau „auf Lücke". Zwischen dem Kelchblatt einer Rapsblüte und einem der beiden Kronblätter auf der Folgeebene klafft daher immer ein Winkel von R/2 = 45° und bei den nachfolgenden Funktionsblättern ist es jeweils genauso. Diese strikt eingehaltene Raumordnung erlaubt weitere Positionsbezeichnungen: Das in der Lücke zwischen den Kronblättern stehende Staubblatt befindet sich wegen der benannten Winkelverhältnisse genau vor einem Kelchblatt und heißt deswegen episepal. Ein Staubblatt des zweiten, weiter oben bzw. innen gelegenen Kreises nimmt die Mittellage zwischen den beiden episepalen Vorgängern ein, steht damit direkt vor einem Kronblatt und heißt deshalb epipetal.

Diese zuverlässige Geometrie in der Anordnung der einzelnen Blütenblätter brachte den Kieler Botaniker August Wilhelm Eichler (1839–1887) um 1880 auf eine geniale Idee: Er entwickelte eine im Prinzip überraschend einfache Darstellungstechnik, mit der sich Art, Anzahl und Stellung der einzelnen Blütenelemente nach Maßgabe der Äquidistanz und Alternanz in Architektenmanier gleichsam als Blütengrundriss wiedergeben lassen. Damit war das Diagramm erfunden (Abb. 2.17).

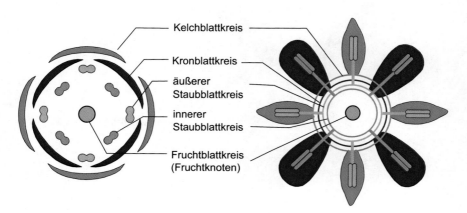

Abb. 2.17 Zentralperspektivische Ansicht einer vollständigen Blüte mit je vier Elementen in fünf verschiedenen Blattkreisen; solche Blüten nennt man tetramer und pentazyklisch

Genaueres Hinsehen deckt weitere bemerkenswerte und keineswegs selbstverständliche Raumbeziehungen auf: Die Elemente eines bestimmten Blattkreises, sagen wir der Kronblätter in einer Rapsblüte, schließen zwischen sich allesamt den gleichen Winkel ein – sie sind äquidistant. Bei einem vierzähligen (tetrameren) Kronblattkreis wie bei den Kreuzblütengewächsen kann das jeweils nur ein rechter Winkel (R = 90°) sein, bei der fünfzähligen (pentameren) Hecken-Rose sind es jeweils 72°, bei der dreizähligen (trimeren) Tulpe dagegen einheitlich 120° (Abb. 2.18). Gleiches findet man auch für die Elemente des vorangegangenen und des nachfolgenden Funktionsblattkreises. Die Konstanz im Winkelabstand der Blütenkreisteile untereinander nennt man Äquidistanz, während der konstante Winkel der Funktionsteile aufeinanderfolgender Blütenblattkreise als Alternanz bezeichnet wird. Beide Sachverhalte beschreiben eine feste und interessanterweise kaum einmal durchbrochene Bauregel der Blüten (Abb. 2.19).

In seinem zweibändigen Hauptwerk mit dem erstaunlich einfachen Titel *Blütendiagramme* veröffentlichte Eichler mehr als 400 diagrammatische, von ihm über mehr als ein Jahrzehnt entwickelte Einzeldarstellungen, die zwar zu seiner Zeit von den Fachgenossen ein wenig belächelt wurden, sich aber bis heute für Fragen der natürlichen Verwandtschaft und Systematik als äußerst aufschlussreich erwiesen. Nur über ein vereinfachendes und in gewissem Maße natürlich immer abstrahierendes Diagramm erschließen sich die vielen

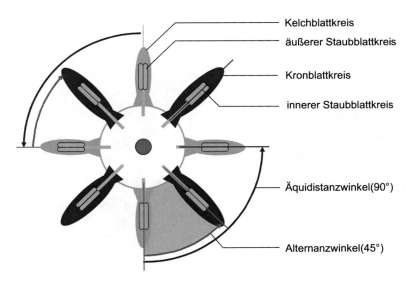

Abb. 2.18   Die Winkelabstände der Blütenblätter aufeinander folgender Funktionskreise bleiben jeweils gleich – Ausdruck der Äquidistanz- und der Alternanzregel

a   b

Abb. 2.19   (a) Geradezu klassisch klar zeigt eine vollaufgeblühte Tulpe (*Tulipa gesneriana*) die strikt befolgten Stellungsregeln im Blütenaufbau. (b) Auch bei der Sibirischen Schwertlilie (*Iris sibirica*) beeindruckt die strenge Ordnung in der Positionierung der Blütenelemente

Abwandlungen und Sonderwege, die letztlich die atemberaubende Vielfalt der Blüten und Blumen ausmachen. Eine kleine Auswahl der vielen in der heimischen Flora realisierten Möglichkeiten zeigt Abb. 2.20.

Am Beispiel der großen Pflanzenfamilie der Rosengewächse lässt sich auch aufzeigen, dass der Fruchtknoten in Bezug auf den Blütenboden verschiedene Positionen einnehmen kann (Abb. 2.21).

In wenigen Fällen müsste man für die Blüten einer Art zwei verschiedene Diagramme zeichnen. Das unscheinbare, aber recht hübsche heimische Moschuskraut (*Adoxa moschatellina*) gehört dazu: Sein Blütenstand ist würfelförmig gebaut; die seitlich stehenden Blüten sind allesamt fünfzählig (pentamer), die Gipfelblüte vierzählig (tetramer). In der neueren Blütenpflanzensystematik ist diese kleine eine bemerkenswerte Karriere vollzogen: Bislang war sie weltweit der einzige Vertreter ihrer Gattung und ihrer Familie. Neuerdings ist sie aber zur Typgattung der großen Familie Adoxaceae aufgestiegen, zu der auch die Holunder- (*Sambucus* spp.) und Geißblattarten (*Lonicera* spp.) gehören. Mit deren Blüten vor Augen ist das kaum nachzuvollziehen, aber die Molekulargenetik hat ihre eigenen Anschauungen.

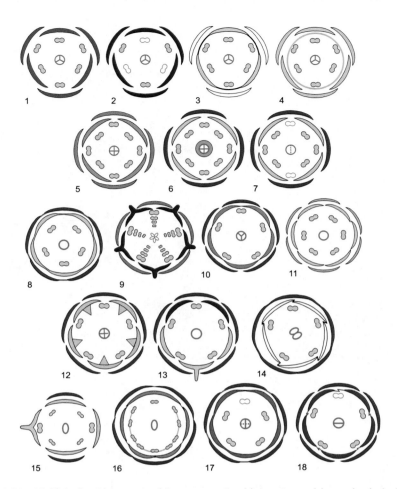

Abb. 2.20 Vielfalt der Blütengrundrisse – nur eine kleine Auswahl aus der heimischen Flora: Radiärsymmetrische Blüten sind 1 Tulpe (*Tulipa gesneriana*; trimer/pentazyklisch), 2 Schwertlilie (*Iris* sp.; trimer/tetrazyklisch, ein Staubblattkreis ausgefallen), 3 Schneeglöckchen (*Galanthus nivalis*, trimer/pentazyklisch, innere Perigonblätter verwachsen), 4 Narzisse (*Narcissus pseudonarcissus*, trimer/tetrazyklisch, mit Nebenkrone), 5 Weidenröschen (*Epilobium angustifolium*; tetramer/pentazyklisch, Kelchblätter ausgefärbt), 6 Weinraute (*Ruta graveolens*, tetramer/pentazyklisch, mit großem Griffelpolster), 7 Raps (*Brassica napus*, zwei Staubblätter des äußeren Kreises ausgefallen), 8 Primel (*Primula* sp., pentamer/tetrazyklisch, äußerer Staubblattkreis ausgefallen), 9 Akelei (*Aquilegia vulgaris*, Sporn an jedem Kronblatt), 10 Glockenblume (*Campanula* sp., pentamer/tetrazyklisch, Kelchblätter frei, Kronblätter verwachsen), 11 Berberitze (*Berberis vulgaris*, hexamer//pentazyklisch, zwei petaloide Kelchblattkreise), 12 Beinwell (*Symphytum officinale*, pentamer/tetrazyklisch, Kelchblätter frei, Kronblätter röhrig verwachsen mit großen Schlundschuppen)Spiegelsymmetrische (zygomorphe) Blüten: 13 Acker-Veilchen (*Viola tricolor*, Sporn am unteren Kronblatt), 14 Schwarzer Nachtschatten (*Solanum nigrum*, pentamer/tetrazyklisch, erscheint strahlig, ist aber schief zygomorph), 15 Gelber Lerchensporn (*Corydalis lutea*, tetramer/pentazyklisch, Kronblatt mit Sporn, transversal zygomorph, zur Blütezeit um 90° gedreht), 16 Platterbse (*Lathyrus* sp., pentamer/tetrazyklisch, neun von zehn Staubblättern röhrig verwachsen), 17 Roter Fingerhut (*Digitalis purpurea*, pentamer/tetrazyklisch, Kelchblätter frei, Kronblätter verwachsen, ein Staubblatt ausgefallen), 18 Rote Taubnessel (*Lamium purpureum*, pentamer/tetrazyklisch, Kelch- und Kronblätter verwachsen, ein Staubblatt ausgefallen)

Abb. 2.21 Position des Fruchtknotens relativ zu Kelch bzw. Blütenboden: 1 oberständig, 2 mittelständig, 3 unterständig

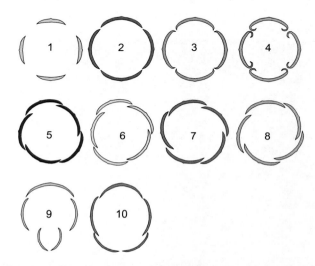

Abb. 2.22 Relative Stellung und etwaige gegenseitige Deckung der Kronblätter: 1 offen, ohne gegenseitige Berührung (apert, Teichrose, *Nuphar lutea*), 2 klappig (valvat, berührend, Ehrenpreis, *Veronica* spp.), 3 klappig (valvat-implikativ, Schaumkraut, *Cardamine* spp.), 4 valvat-involut (Tulpe, *Tulipa gesneriana*), 5 und 6 dachziegelig überdeckend (Nachtschatten, *Solanum* spp.), 7 gedreht (contort, linksläufig, Immergrün, *Vinca minor*), 8 gedreht (contort, rechtsläufig, Enzian, *Gentiana* spp.), 9 löffelig (cochleat, aufsteigend, Ginster, *Genista* spp.), 10 löffelig (cochleat, absteigend, Judasbaum, *Cercis siliquastrum*)

Wenn man sich die Position der Blütenhüllblätter ganz genau anschaut, entdeckt man kleine, aber bemerkenswerte Spezialarrangements: Nicht bei allen Blüten stehen die Hüllblätter ganz genau nebeneinander auf einem Kreis. Vielmehr sind sie mitunter wie die Schaufeln von Mühlrädern leicht schräg gestellt oder sie überdecken sich nach gewissen Regeln mit den Rändern (Abb. 2.22).

Mithilfe eines Diagramms und der erwähnten Bauregeln (Alternanz, Äquidistanz) lässt sich auch feststellen, dass in manchen Familien eine Vervielfachung bestimmter Blütenorgane stattgefunden hat. Zwei markante Beispiele zeigt Abb. 2.23 (Abb. 2.24).

Abb. 2.23 Vervielfachung (Dédoublement) in den Staubblattkreisen von Rosengewächsen (Rosaceen), links Felsenbirne (*Amelanchier ovalis*), rechts Vogel-Kirsche (*Prunus avium*). Die Stellungsregeln für die betreffenden Blütenblätter stimmen dennoch

Abb. 2.24 Staubblattvervielfachung (Dédoublement) beim Gefleckten Johanniskraut (*Hypericum maculatum*): Ungewöhnlicherweise stehen die zahlreichen Staubblätter in der im Prinzip pentameren Blüte in Dreiergruppen zusammen

Vom Diagramm zur Formel

Die oben vorgestellten Blütendiagramme geben den Aufbau verschiedener Blüten in zentralperspektivischer Ansicht (von oben) wieder wie der Grundriss eines im architektonischen Entwurfstadium befindlichen Wohnhauses: Anzahl und räumliche Anordnung der einzelnen Blütenelemente sind eindeutig und klar ablesbar – man hat mithilfe eines Diagramms sofort eine konkrete Vorstellung davon, wie die betreffende Blüte konstruiert ist und welche Positionierungsbesonderheiten sie eventuell aufweist.

Das an sich schon sehr schematisch abstrahierende Blütendiagramm lässt sich nun noch weiter vereinfachen: Seit geraumer Zeit ist es selbst in botanisch-systematischen Grundlagenwerken üblich und für das Verständnis sicherlich auch hilfreich, die gestaltlichen Eigenheiten einer bestimmten Art, einer Gattung oder auch einer kompletten Familie geradezu formelhaft abgekürzt zu beschreiben. Solche Darstellungen des Blütenbaus nennt man Blütenformel. Was auf den ersten Blick wie eine kryptische Geheimbotschaft erscheinen mag, ist – wenn man die Zeichen-, Buchstaben- und Zahlenangaben einmal verstanden hat, ein wunderbares Instrument zur Beherrschung der natürlichen Vielfalt. In diesem Buch werden wir den Einsatz von Blütenformeln zur Wiedergabe der Hauptmerkmale nur äußerst sparsam praktizieren, aber wie solche aussagekräftigen Mitteilungen konventionell aufgebaut sind und welche Botschaften sie überhaupt mitteilen, ist zweifellos wissenswertes Allgemeingut.

Eine Blütenformel (anwendbar vor allem auf die Blüten der Bedecktsamer) bietet in Kurzform mithilfe besonderer Symbole folgende Informationen:

- Angabe zur Blütensymmetrie

⊚	eine solche Kurve verdeutlicht die spiralige (schraubige) Stellung der einzelnen Blütenelemente wie in der Gattung Magnolie (*Magnolia* spp.)
⚡	ein Blitzsymbol bedeutet eine asymmetrische Blüte wie beim Blumenrohr (*Canna indica*)
+	das Kreuz bezeichnet eine disymmetrische Blüte wie beim Wiesen-Schaumkraut (*Cardamine pratensis*)
★	ein Stern gibt an, dass eine Blüte radiärsymmetrisch (aktinomorph) aufgebaut ist wie bei den Sternmieren (*Stellaria* spp.)
↓	das senkrechte Pfeilsymbol steht für eine zygomorphe (spiegelbildlich, bilateral symmetrisch) konstruierte Blüte wie bei der Gefleckten Taubnessel (*Lamium maculatum*)
←	mit dem horizontalen Pfeil kennzeichnet man eine transversal-zygomorphe Blüte wie beim Erdrauch (*Fumaria* spp.) oder beim Lerchensporn (*Corydalis* spp.)
↙	der schräge Pfeil steht für eine schief symmetrische Blüte wie bei der Rosskastanie (*Aesculus hippocastanum*)

- Angaben zur Blütenhülle

P	damit beschreibt man die Beschaffenheit eines Perigons, gefolgt von der Anzahl der beteiligten Elemente, also beispielsweise P3+3 für ein doppelt-dreizähliges Perigon wie bei der Tulpe (*Tulipa gesneriana*)
K	steht für die Anzahl der Kelchblätter, also etwa K5 wie bei der Runzel-Rose (*Rosa rugosa*); sind die Kelchblätter miteinander verwachsen, schreibt man K(5)

C   bezeichnet die Eigenheiten der Krone (Corolle) mit Zusatz der beteiligten
         Kronblattanzahl wie etwa C5 bei der Kartäuser-Nelke (*Dianthus
         carthusianorum*). Sind die Kronblätter verwachsen, lautet der Eintrag C(5)
         wie beim Beinwell (*Symphytum officinale*)

• Angaben zu den generativen Blütenteilen

A   ist das Symbol für das Andrözeum, die Gesamtheit der vorhandenen
         Staubblätter; da dieses hochvariant ist, sind folgende Angaben üblich:
A3+3   für die sechs Staubblätter der Tulpe (*Tulipa gesneriana*)
A5   für die fünf Staubblätter beim Wiesenkerbel (*Anthriscus sylvestris*)
A(9)+1   für die zehn Staubblätter der Schmetterlingsblütengewächse, von denen
         meist neun miteinander verwachsen sind wie beim Besenginster (*Cytisus
         scoparius*)
A∞   schreibt man für sehr zahlreich vorhandene Staubblätter wie bei den Rosen
         (*Rosa* spp.) und Mohnarten (*Papaver* spp)
[C(5)   verwendet man für den Fall, dass Kron- und Staubblätter miteinander
  A5]   verwachsen sind wie beim Beinwell (*Symphytum officinale*)
G   steht für die Fruchtblätter bzw. den Fruchtknoten, die gewöhnlich
         miteinander verwachsen sind; zusätzlich erhält die Blütenformel auch die
         Angabe, ob der Fruchtknoten ober-, mittel- oder unterständig ist, also
         etwa G(3) für die oberständige Tulpe (*Tulipa gesneriana*); bei
         mittelständigen Blüten wie beim Apfelbaum (*Malus sylvestris*) erscheint
         das Strichsymbol oben und unten, bei den unterständigen wie bei den
         Zaunrüben (*Bryonia* spp.) nur über der G-Angabe

Blüten sind (meist) symmetrisch

Die einfachen Bauregeln und -pläne, nach denen die Natur auch bei den Blüten ihre Geschöpfe konstruiert, bestechen in ihrem Erscheinungsbild vor
allem auch deswegen, weil sich hier neben den harmonischen Maßbeziehun-
gen der Einzelelemente meist auch bemerkenswert gefällige Symmetrien zeigen. Nur wenige Blüten sind gänzlich asymmetrisch. Dazu gehören beispielsweise die aus Westeuropa stammende Spornblume (*Centranthus ruber*) sowie
das als sommerliche Zierpflanze in Parkanlagen gerne und häufig verwendete
Blumenrohr (*Canna indica*), von dem über 100 eingetragene Zuchtsorten bekannt sind. Sein seltsamer Blütenaufbau bringt auch gut trainierte Botaniker
deutlich ins Grübeln, denn man findet hier außer drei Kronblättern auch
noch zwei kronblattartig umgebaute Staubblätter und einen flächig ver-
breiterten Griffel, womit das Gesamterscheinungsbild ziemlich unübersicht-
lich wird.

Die eindrucksvollen Blüten der Weißen Seerose (*Nymphaea alba*), die bei
der Wildform bis knapp 10 cm, bei Gartenteichzüchtungen auch schon ein-

mal über 15 cm breit sein können und damit die größten Einzelblütendurchmesser innerhalb der heimischen Flora sind (vgl. Abb. 2.16), sehen auf den ersten Blick wunderschön regelmäßig aus. Tatsächlich sind die großen weißen Blütenhüllblätter, die durch vielerlei Übergänge mit den zahlreichen Staubblättern verbunden sind, spiralig angeordnet, was als besonders ursprüngliches Merkmal gilt, denn es ist das vorherrschende Raumordnungsprinzip der frühen Sporophyllstände bei den Farnpflanzen und Nacktsamern. Auch die als ursprünglich geltenden Magnolien richten sich danach. Bei spiraliger Anordnung ist streng genommen keine saubere Symmetrieebene möglich (Abb. 2.25).

Wesentlich klarere Verhältnisse zeigen dagegen alle diejenigen Blütenformen, bei denen die einzelnen Wirtel gleichzählig geworden sind – beispielsweise bei der Tulpe, die auf jeder Ebene drei Blattelemente trägt, daher trimer ist und von oben betrachtet wie ein sechszackiger Stern aussieht (vgl. Abb. 2.19). Durch jedes Blütenhüllblatt ist eine Symmetrieebene zu legen (Abb. 2.26) – die damit getrennten rechten und linken Hälften verhalten sich somit wie Bild und Spiegelbild. Insgesamt sind drei Spiegelungsebenen möglich.

Bei vollständigen fünfzähligen Blüten sind es fünf Symmetrieachsen, selten ergeben sich noch mehr. Solche sternförmig aufgebauten Blüten zeichnen beispielsweise die Rosen-, Nelken-, Primel-, Dolden- und Glockenblumengewächse aus. Man nennt sie wegen ihres besonderen Aussehens auch radförmig, strahlig oder radiärsymmetrisch. Fehlen dagegen einzelne Teile, schränkt

Abb. 2.25   In den Blüten der Stern-Magnolie (*Magnolia stellata*) sind die Blütenhüllblätter spiralig angeordnet – diese Gattung gilt daher als besonders ursprünglich

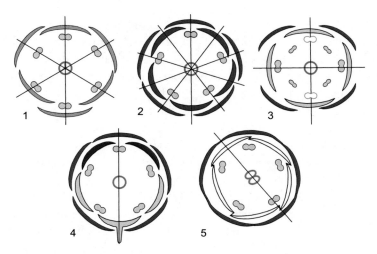

Abb. 2.26 Verbreitete Symmetrieverhältnisse in den Blüten heimischer Arten: 1 strahlig symmetrisch (radiärsymmetrisch, aktinomorph) mit drei Symmetrieachsen (Tulpe, *Tulipa*), 2 ebenfalls strahlig symmetrisch mit fünf Symmetrieachsen (Storchschnabel, *Geranium*), 3 disymmetrisch mit zwei Symmetrieachsen (Senf, *Sinapis*), 4 monosymmetrisch (zygomorph = dorsiventral = bilateral symmetrisch, Veilchen, *Viola*), 5 schief zygomorph in Bezug auf die Abstammungsachse (Nachtschatten, *Solanum*)

das auch die mögliche Anzahl von Symmetrieebenen ein. Das lassen unter anderem die Vertreter der Kreuzblütengewächse erkennen – wegen der Stellung der sechs Staubblätter lassen sie nur zwei senkrecht aufeinander stehende Symmetrieachsen (Spiegelungsebenen) zu und sind daher disymmetrisch. Genauso sind die seltsam anzuschauenden Blüten des Tränenden Herzens (*Dicentra spectabilis*) zu bewerten (Abb. 2.27).

Gänzlich anders stellen sich die immer etwas eigenartig anmutenden Blüten der zweiseitig symmetrischen Blütengestalten dar, die nur eine senkrecht verlaufende Spiegelungsebene zulassen und deswegen mono- oder bilateralsymmetrisch bzw. zygomorph oder auch dorsiventral genannt werden. Klassische Beispiele sind die zweilippig aufgebauten Blüten der Lippenblütengewächse. Manchmal muss man aber ganz genau hinsehen, um die tatsächlichen Symmetrieverhältnisse richtig zu erkennen, beispielsweise bei den Ehrenpreisarten (*Veronica* spp., Abb. 2.22): Das unterste der vier Kronblätter ist hier immer deutlich kleiner als die drei übrigen, womit die Achsenlage der einzigen möglichen Spiegelungsebene eindeutig festgelegt ist. Je nach Ausgestaltung der Lippen können die zygomorphen Blütenhüllen recht bizarr und sogar ziemlich monströs aussehen. Bei den heimischen Orchideen gibt es beispielsweise die Spezies Hängender Mensch bzw. Puppenorchis *Orchis* (*Aceras*) *anthropophorum* sowie eine Affen-Orchis (*Orchis simia*), deren Namen für

Abb. 2.27 Die aparte Blüte der beliebten Gartenpflanze Tränendes Herz (*Dicentra spectabilis*) lässt nur zwei Symmetrieachsen zu – sie ist daher disymmetrisch

sich sprechen. Bei allen Orchideen ist übrigens die für die visuelle Gesamtwirkung so entscheidende und meist recht große Unterlippe von der Anlage her die Oberlippe, denn während ihrer Entwicklung und spätestens kurz vor der Entfaltung vollzieht die Blüte eine planmäßige Drehung um 180°. Eine Zusammenfassung der häufigsten Blütensymmetrien zeigen die schematischen Skizzen in Abb. 2.26.

Viele Blüten, die von der Anlage her radiärsymmetrisch sind, erscheinen bei genauerem Hinsehen zumindest ansatzweise zygomorph (dorsiventral). Dazu gehören beispielsweise die dekorativen Taglilien (*Hemerocallis* spp.) oder auch manche Lilien, bei denen sich die Staubblätter über das unterste Blütenhüllblatt legen und somit streng genommen nur noch eine einzige Symmetrieachse zulassen (Abb. 2.28).

Aus verschiedenen Experimenten darf man ableiten, dass in solchen Fällen oft die Erdschwerkraft als gestaltbildender Faktor beteiligt ist. Nachgewiesen ist dies beispielsweise vom Schmalblättrigen Weidenröschen (*Epilobium angustifolium*), dessen vierzählige Blüte im Prinzip strahlig symmetrisch ist, aber am fertigen Blütenstand zygomorph auftritt. Als man die Wirkung der Gravitation einmal experimentell ausschaltete, entwickelten sich die Blüten auftragsgemäß strahlig.

Abb. 2.28   Bei den im Prinzip radiärsymmetrischen Blüten der Taglilien (*Hemerocallis* spp.) legen sich die sechs Staubblätter über das unterste Perigonblatt und lassen somit eigentlich nur noch eine senkrechte Symmetrieebene zu

Einen interessanten Fall bieten solche Blüten, die zum Zeitpunkt der Öffnung eine senkrecht stehende Spiegelungsebene aufweisen, aber von der Anlage her anders beschaffen sind: Lerchensporn (*Corydalis* spp.) oder Erdrauch (*Fumaria* spp.), beide besonders formschöne Beispielgattungen aus der früher eigenständigen Familie Erdrauchgewächse (heute Mitglieder der Mohngewächse), tragen im voll entwickelten Zustand zygomorphe Blüten mit senkrecht stehender Symmetrieachse. In Wirklichkeit geht diese besondere Spiegelbildlichkeit darauf zurück, dass ein seitliches (meist das linke) Kronblatt durch deutliche Vergrößerung umgestaltet wird und damit die Symmetrie durcheinanderbringt. In der entfalteten Blüte bemerkt man das nicht mehr, weil rechtzeitig zuvor eine 90°-Drehung erfolgte. Solche Blüten nennt man, was nun zugegebenermaßen besonders gelehrt klingt, transversalzygomorph (Abb. 2.29).

Zwischen der üblichen Spiegelbildlichkeit mit senkrecht, also in der Medianebene stehender Symmetrieachse und den wenigen querachsig angelegten Blüten stehen die schiefachsig zygomorphen Blütentypen, wie man sie bei der Rosskastanie (*Aesculus hippocastanum*) und bei vielen Vertretern der Nachtschattengewächse antrifft – ein ebenfalls nicht gerade häufiger und insofern etwas kurioser Fall. Die ganz genauen Symmetrien sind nicht immer auf den ersten Blick offensichtlich und gehören demnach zweifellos in den Bereich derjenigen Blütengeheimnisse, die besonders intime Einblicke erfordern.

Abb. 2.29 Bei den Erdraucharten (*Fumaria* spp.) sind die Einzelblüten eigenartiger-weise in Querrichtung gedehnt und daher transversal-zygomorph

In seltenen Fällen finden Blüten, die von der Anlage her zygomorph sind, wieder zur strahligen Symmetrie zurück. Dieses Phänomen tritt gelegentlich bei Orchideen (vor allem Zuchtformen) auf. Besonders auffällig ist es beim Roten Fingerhut (*Digitalis purpurea*): Hier schließen sich durch eine Wuchs-störung mehrere Einzelblüten an der Spitze des Blütenstands zu einem gro-ßen, nach oben schirmförmig geöffneten und oft auch noch abweichend gefärbten Gebilde zusammen, das recht monströs ausschaut. Solche Sonder-bildungen bezeichnet man als Pelorien.

Gendern bei Blütenpflanzen

Für das Funktionieren der in einer Blüte vorgesehenen Betriebsabläufe ist die Geschlechterverteilung der entsprechenden Funktionsteile ein erheblicher Faktor. Es ist auch in diesem Bereich keineswegs so, dass alles nach einem ein-heitlichen Schnittmuster abgeht, sondern in der Welt der Blütenpflanzen haben sich verschiedene Modelle etabliert, die jeweils in funktionaler Hin-sicht ihre besondere Bedeutung haben, aber auf jeden Fall ökologisch erfolg-reich sind.

Die übliche Standardversion einer Blüte ist zwittrig – sie beherbergt in ihren generativ programmierten Blütenbauteilen („männlich determinierte" Staubblätter vs. „weiblich vorbestimmte" Fruchtknoten) beide unbedingt erforderlichen Funktionsbereiche. Solche Blüten nennt man auch hermaphroditisch oder monoklin. Im Unterschied dazu entwickeln manche Arten eingeschlechtige Blüten, die man diklin nennt. Jedoch finden sich in der Natur relativ häufig etliche Abweichungen und Alternativen. Dafür sind in der Blütenbiologie standardisierte Bezeichnungen eingeführt. Die folgende Übersicht benennt im Verbund mit Abb. 2.30 einige Beispiele:

• Andromonözie: Zwitterblüten und männliche Blüten auf der gleichen Pflanze, so bei Mädesüß (*Filipendula ulmaria*), Großer Pimpinelle (*Pimpinella major*) und Kreuz-Labkraut (*Cruciata laevipes*)
• Androdiözie: Zwitterblüten und männliche Blüten auf verschiedenen Pflanzen, kommt vor beim Wiesenknöterich (*Bistorta officinalis*)
• Andromonözie und Androdiözie: Neben Pflanzen mit männlichen und Zwitterblüten finden sich Individuen nur mit männlichen oder ausschließlich mit Zwitterblüten

Abb. 2.30 Geschlechterverteilung bei den Blütenpflanzen: 1 monoklin/zwittrig: Apfelbaum (*Malus*), 2 diklin einhäusig (monözisch): Rot-Buche (*Fagus*), 3 diklin zweihäusig (diözisch): Weide (*Salix*), 4 andromonözisch: Mädesüß (*Filipendula*), 5 gynomonözisch: Kornblume (*Centaurea*), 6 gynodiözisch: Sternmiere (*Stellaria*), 7 trimonözisch: Rosskastanie (*Aesculus*), 8 triözisch: Esche (*Fraxinus*)

- Gynomonözie: Zwitterblüten und weibliche Blüten auf der gleichen Pflanze wie bei der Kornblume (*Centaurea cyanus*)
- Gynodiözie: Zwitterblüten und weibliche Blüten auf verschiedenen Pflanzen, etwa bei der Kartäuser-Nelke (*Dianthus carthusianorum*), Großen Sternmiere (*Stellaria holostea*) sowie Wiesen-Storchschnabel (*Geranium pratense*)
- Gynomonözie und Gynodiözie: Neben Pflanzen mit Zwitterblüten und weiblichen Blüten finden sich auch solche nur mit weiblichen neben Zwitterblüten, dieser Fall findet sich bei Gras-Sternmiere (*Stellaria graminea*), Natternkopf (*Echium vulgare*), Minzen (*Mentha* spp.) und Wald-Storchschnabel (*Geranium sylvaticum*)
- Triözie: Zwitterblüten, männliche und weibliche Blüten finden sich auf verschiedenen Pflanzen; das Standardbeispiel ist die Gewöhnliche Esche (*Fraxinus excelsior*)

Im Kontext mit der Varianz der Geschlechterverteilung zeigt sich bei manchen Arten auch ein deutlicher Sexualdimorphismus: Männliche und weibliche Blüten sind unterschiedlich groß, zu finden beispielsweise bei der Roten Lichtnelke (*Silene dioica*) und der verwandten Weißen Lichtnelke (*Silena latifolia*), wobei bei beiden Arten der Kelch deutlich aufgeblasen ist. Bei der Zweihäusigen Zaunrübe (*Bryonia dioica*) ist die Krone der männlichen Blüten größer als bei den weiblichen.

Geheimnisvoller Code

Die an völlig leidenschaftslose Mathematik bzw. Geometrie erinnernde Ableitung von Bauregeln und Blütengrundrissen könnte zu der Auffassung verführen, dass eine Blüte oder Blume lediglich ein weitgehend starres, nach wenigen leicht einsehbaren Prinzipien durchkonstruiertes Gebilde sei. Mathematiker werden dagegen sofort einwenden, dass auch von den Objekten ihrer Anschauung eine hohe Faszination ausgeht, und Botaniker haben sofort den Hinweis auf die einzigartige Ästhetik in der Gesamterscheinung einer Blume auf der Zunge, die sich nicht in einfache Gesetzmäßigkeiten zwingen oder formalisieren lässt. Sie werden staunen – die Verbindung ist in gewissen Grenzen dennoch möglich. Die begriffliche Klammer zwischen mathematischer Methodik und botanischer Begeisterung ist die stille Harmonie, die erstaunliche Ausgewogenheit von Formen und Proportionen, die der Betrachter zwar intuitiv spürt, aber meist nicht genauer erklären kann. Versuchen wir es dennoch.

Den Schlüssel zum Verstehen der zweifellos erstaunlichen und immer wieder begeisternden Harmonie im Blütenbau liefern einerseits die einer Fibonacci-Zahlenreihe folgenden Positionierungsregeln der Blätter an der Sprossachse – ihr Projektionsbild ist gleichsam eine vereinfachte Version komplex aufgebauter Blüten wie die der Weißen Seerose (vgl. Abb. 2.16). Auf der anderen Seite kommen die bereits in der Antike entdeckten Proportionsregeln nach dem geheimnisvollen Goldenen Schnitt hinzu.

Wenn man die Spitzen der aufeinander folgenden Blätter in einer vielteiligen Blattrosette oder etwa einer Seerosenblüte miteinander verbindet, erhält man eine gleichwinkelige oder logarithmische Spirale, die erstmals der Schweizer Mathematiker Jakob Bernoulli (1654–1705) rechnerisch behandelt hat. Auf dem Papier ist sie verhältnismäßig einfach zu konstruieren, indem man Quadrate mit den Seitenlängen 1, 2, 3, 5, 8, 13, … miteinander verschachtelt. Sofort wird deutlich, dass diese Längenangaben eine Fibonacci-Reihe darstellen (vgl. Tab. 2.2). Die Eigenschaften der logarithmischen Spirale, die man in einem Pinienzapfen, einer Grundblattrosette, einer Magnolien- oder Seerosenblüte und auch im Design etwa eines Schnirkelschneckenhauses wiederfindet, empfand Bernoulli geradezu als magisch und bat sogar darum, man möge ihm ein solches Kurvenbild in seinen Grabstein meißeln. Bernoulli ruht auf einem Basler Friedhof. Die Nachfahren haben jedoch nicht aufgepasst: Die Spirale auf seinem Grabmal ist bedauerlicherweise eine archimedische, bei der der Abstand der Spiralbögen vom Ausgangspunkt nicht logarithmisch, sondern konstant wächst.

Die fast ein wenig zahlenmystische Fibonacci-Reihe birgt noch ein weiteres Geheimnis. Bildet man den Quotienten aus einer Zahl dieser Reihe und ihrem Tabellenvorgänger, erhält man einen Zahlenwert, der sich immer mehr der irrationalen Proportionszahl Φ = 1,618… des berühmten Goldenen Schnitts annähert. Man wählte dieses Symbol zu Ehren des griechischen Bild-

Tab. 2.2 Fibonacci-Zahlen und Goldener Schnitt

Fibonacci-Reihe	Quotienten	Zahlenwert
1	1:1	1,000000
2	2:1	2,000000
3	3:2	1,500000
5	5:3	1,666666
8	8:5	1,600000
13	13:8	1,625000
21	21:13	1,615385
34	34:21	1,619047
55	55:34	1,617647
89	89:55	**1,618162**

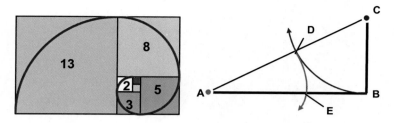

Abb. 2.31 Links: Konstruktion einer logarithmischen Spirale, wie sie auch vielen Blüten zugrunde liegt. Rechts: Streckenteilung nach den Regeln des Goldenen Schnitts

hauers Phidias (500–432 v. Chr., Φ = Phi von Phidias), der in seinen Skulpturen (angeblich) als Erster die Proportionsregeln des Goldenen Schnitts anwandte.

Wie man eine Strecke AB im Maßverhältnis des Goldenen Schnitts teilt, zeigt Abb. 2.31, die im Übrigen einen schon der Antike bekannten Konstruktionsvorschlag der euklidischen Geometrie wiedergibt: Im Punkt B von AB errichtet man eine senkrechte Strecke BD, wobei BD = AB/2 sein muss. Von D aus führt man einen Kreisbogen mit dem Radius BD, der die Linie in AD in E schneidet. Nun führt man von A einen Kreisbogen mit dem Radius AE, der die Strecke AB in C schneidet. Dieser Punkt teilt AB im Maßverhältnis des Goldenen Schnitts, denn es gilt AB : AC = AC : CB. Die Streckenmaße als Quotient ausgedrückt ergeben wiederum den magisch anmutenden Wert Φ.

Was hat dies alles mit den Formen einer Blüte zu tun? Nimmt man eine regelmäßig fünfzählige (pentamere) Blüte, beispielsweise von der Nelkenwurz (*Geum urbanum*) oder einem anderen Vertreter der Rosengewächse, so lässt sich über deren Aufrissbild problemlos ein regelmäßiges Fünfeck (Pentagon) konstruieren, das die Spitzen der Kronblätter einbezieht (Abb. 2.32). Konstruktionsbedingt lässt sich dieses Fünfeck in zehn rechtwinkelige Dreiecke zerlegen, für die entsprechend der Satz des Pythagoras gilt. Im Fall der Pentagondreiecke liegen aber besondere Verhältnisse vor: Die Seiten der Dreiecke stehen mit den Proportionen 3:4:5 in einem bemerkenswert glattzahligen Verhältnis zueinander. Der berühmte Satz des Pythagoras (Summe der Kathetenquadrate = Hypotenusenquadrat) geht hier äußerst harmonisch auf, denn $3^2 + 4^2 = 5^2$ (9 + 16 = 25).

Noch geheimnisvoller wird es, wenn man den Blütengrundriss in einen regelmäßig fünfzackigen Stern (Pentagramm) einzeichnet. Verblüfft stellt man nun fest, dass sich die Längsseiten dieses Fünfecks in den Proportionen des Goldenen Schnitts überschneiden (Abb. 2.32). Dem entsprechen auch Abmessung und Stellung der Blütenteile. Das Gesamtergebnis wirkt daher –

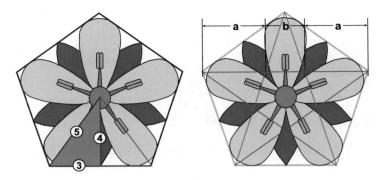

Abb. 2.32 Links: Fünfzählige strahlig symmetrische Blüten lassen sich in ein regelmäßiges Fünfeck (Pentagon) einzeichnen. Die Strecken 3, 4 und 5 stellen ein pythagoreisches Dreieck dar – ihre Quadratzahlen stehen in einem glatten Verhältnis zueinander. Rechts: Der Goldene Schnitt im Blütengrundriss: Die gleiche fünfzählige Blüte lässt sich als regelmäßig fünfeckiger Stern (Pentagramm) darstellen. Dessen Seitenabschnitte überschneiden sich im Verhältnis des Goldenen Schnitts, denn es gilt a : b = (a + b) : a. Die Längenquotienten dieser Strecken ergeben nicht gänzlich überraschend die Fibonacci-Zahl Φ = 1,618...

nunmehr nicht mehr gänzlich überraschend – außerordentlich harmonisch. Nicht von ungefähr ist gerade das Pentagramm auch bei den immer stark mystisch angehauchten Alchimisten des Mittelalters ein gerne verwendetes Geheimzeichen gewesen.

Analoge Verhältnisse findet man auch in anderen Konstruktionsbereichen der Blüten(stands)architektur wieder. Bei der Sonnenblume sind die zahlreichen kleinen Röhrenblüten bezeichnenderweise nicht auf Geraden, sondern auf Spiralbogensegmenten angeordnet (Abb. 2.33). Die Bogenausschnitte sind, wie bei organischen Formen fast immer anzutreffen, Teile einer logarithmischen Spirale. Beim genaueren Hinsehen erkennt man viele links- und weniger zahlreich auch rechtsläufige Spiralsegmente. Bildet man aus deren jeweiliger Anzahl den Quotienten, ergibt sich wiederum die magische Zahl Φ des Goldenen Schnitts. Übrigens: Wenn man am Computer eine Sonnenblume mit Einzelblüten auf absolut geraden Linien zeichnet, mag niemand mehr gerne hinsehen. Das Ergebnis wirkt einfach zu cool und technokratisch. Die hübsche, weil logarithmische und auch sonst bei Lebewesen in dieser Maßbeziehung auftretende Rundung ist das eigentliche Geheimnis der ansprechenden Gesamtwirkung.

Diese besonderen Maßverhältnisse sind sicherlich eines der gut versteckt eingebauten Geheimnisse und erklären, warum uns nach solchen Prinzipien aufgebaute Blüten besonders gut gefallen, denn sie wirken so ausgewogen und in ihren Abmessungen einfach stimmig. Erklären kann man das letztlich

Abb. 2.33 Die Sonnenblume (*Helianthus annuus*) positioniert ihre zahlreichen Röhrenblüten immer auf Spiralbodensegmenten. Die frappierende Harmonie der Formen und Umrisse ergeben sich oft auf besonderen Wegen

nicht. Dass uns die Proportionen des Goldenen Schnitts so sehr zusagen und pythagoreische Dreiecke hübscher aussehen als gleichschenklige, ist ein durch viele Testserien erwiesenes Faktum, aber dennoch nicht logisch zu begründen.

Ziemlich Kleine und ganz Große

Zahlen sind einfach faszinierend – nicht nur auf dem Kontoauszug (wenn sie denn mit positivem Vorzeichen verbucht sind), sondern überhaupt, weil sie uns mit wenigen Zeichen die Größe aller Dinge verdeutlichen und objektive Vergleiche zulassen. Dabei sind natürlich auch die Enden der jeweiligen Größenskalen interessant, beispielsweise die kleinsten und die größten Vertreter ihrer jeweiligen Gilde. Wenn schon die orientierende Umschau in Natur und Gärten eine breit gefächerte Palette von Abmessungen vorführt, passt insofern auch die Suche nach den Rekordhaltern in die in diesem Kapitel vorgenommene Betrachtung von Formenfülle und Vielfalt.

Alle Pflanzen fangen einmal ziemlich klein an – als winzige und manchmal sogar staubfeine Samenkörner, die mühelos und fast unbegrenzt über die Luftroute ausgebreitet werden. Die kleinste Blütenpflanze der Welt kommt aber selbst im voll ausgewachsenen Zustand kaum über Samenkornabmessungen hinaus. Sie trägt den bezeichnenden Namen Zwerglinse und ist ein Winzling, der kaum mehr als 1 mm lang, breit und hoch wird. Die in

Mitteleuropa mit vier weiteren Arten vorkommenden Wasserlinsen, regional auch Entengrütze genannt, sind im Sommerhalbjahr überall auf stehenden Gewässern zu sehen. Sie bilden hier nahezu geschlossene, meist hell- bis frischgrüne Schwimmdecken, durch die kaum noch Licht auf den Gewässergrund vordringen kann. Im Unterschied zu den etwas größeren Teich- und Wasserlinsen, die ihre kleinen Wurzeln wie Kielschwerter bzw. Treibanker in das Wasser eintauchen lassen, ist die heimische Zwerglinse völlig wurzellos – ein Merkmal, das sie auch im wissenschaftlichen Artnamen führt: *Wolffia arrhiza* ist die Zwerglinse ohne Wurzel. Sie zeigt auch sonst kaum noch gestaltliche Anklänge an eine echte Blütenpflanze, zumal sie in Europa fast nie blüht, und ist wohl als stark abgeleitet bzw. vereinfacht aufzufassen (Abb. 2.34). Entsprechend ist die Blüte denkbar einfach – sie besteht nur aus einem Staub- und einem Fruchtblatt. Die Oberseite einer Zwerglinse ist nur flach gewölbt, die Unterseite dagegen stärker bauchig. In der Fachsprache der Bootsbauer könnte man sie daher so charakterisieren, dass ihre Konstruktionswasserlinie gleichsam mit der Bordkante zusammenfällt. Sie treibt also wie eine flache Jolle ohne Freibord bzw. als wenig tief gehende Boje auf dem Wasser umher. Angesichts dieser sehr einfachen Formgebung ist nicht einmal sicher zu entscheiden, ob der Linsenkörper nun eigentlich ein umgewandeltes Blatt oder eine stark gestauchte Sprossachse ist oder gar von beidem jeweils nur reduzierte Anteile in sich vereinigt.

Bleiben wir bei den sehr Kleinen: Während selbst die heimischen Baumarten mit den Rekorden der Mammutbäume nicht annähernd mithalten können, kommt in Mitteleuropa zumindest eine der kleinsten auf dem Festland

Abb. 2.34 Die Zwerglinse (*Wolffia arrhiza*) ist die weltweit kleinste Blütenpflanze. In Mitteleuropa kommt sie relativ selten auf sommerwarmen Tieflandgewässern vor und blüht hier fast nie

lebenden und auch tatsächlich blühenden Pflanzen vor: Die ziemlich seltene und nur einjährige Art heißt bezeichnenderweise Kleinling (*Centunculus minimus*) und gehört zu den Primelgewächsen. Ausgewachsen ist sie meist nur 1–2 cm hoch. Da bei diesen Abmessungen auch die grünlichen Blüten nicht viel hergeben, weil sie von den nektar- oder pollensuchenden Insekten im sonstigen Stängelgedränge schlicht übersehen werden, praktizieren sie sicherheitshalber gleich Selbstbestäubung. Der Kleinling ist ein Besiedler feuchter, sandig-lehmiger oder toniger Ackerböden. Durch die Intensivierung der Landwirtschaft hat er in den letzten Jahrzehnten viele seiner ehemaligen Standorte eingebüßt.

Manches in der heimischen Flora sieht zugebenermaßen reichlich mickrig aus, zum Beispiel die Blüten des Hungerblümchens (*Erophila verna*). Mit nur knapp 1 mm Durchmesser fallen die Kronen kaum auf, auch wenn sie strahlend weiß ausgebreitet sind. Ganz anders machen die Blüten der Immergrünen Magnolie (*Magnolia grandiflora*) auf sich aufmerksam. Sie sind ebenfalls strahlend weiß, aber mit bis zu 25 cm Breite mindestens tellergroß. Da sie sich von den glänzend dunkelgrünen Laubblättern kontrastreich abheben, sieht der Baum zur Blütezeit aus, als habe man ihn mit grellhellen ("blütenweißen") Taschentüchern dekoriert. Die aus dem Südosten der USA stammende Art wird weltweit als Zierbaum angepflanzt und ist auch in den wärmeren Gegenden West- und Südwesteuropas in Parkanlagen häufig zu sehen.

Auch weitere spektakuläre Einzelschöpfungen wie die bis zu 30 cm breite Blüte der Königin der Nacht (*Selenicereus grandiflorus*), eines Kakteengewächses aus dem südamerikanischen Regenwald.

Aber sie repräsentiert bestenfalls Mittelklasse angesichts einer wahrhaft gigantischen Superblume im XXL-Format: Bis zu 1 m Durchmesser erreicht die Einzelblüte von *Rafflesia arnoldii* aus den Tropenwaldgebieten von Sumatra (Abb. 2.35). Die Gattung ist benannt nach dem Gründer der Stadt Singapur, dem britischen Kolonialgouverneur Sir Thomas Stanford Raffles (1781–1826). Zusammen mit seinem Begleiter George Arnold entdeckte er die Riesenblume im Jahre 1818. Mit ihrer trüb rötlichen Färbung und dem hellen Fleckenmuster sieht sie nicht besonders hübsch aus und für die sensible Nase ist sie erst recht nichts, denn sie entwickelt einen durchdringenden Aasgestank, den man noch in etwa 100 m Entfernung wahrnehmen kann. Adressat dieser anrüchigen Einladung sind Aasfliegen, die normalerweise übel riechende Tierkadaver aufsuchen, dort ihre Eier ablegen und so zum Recycling der toten Biomasse beitragen.

Die eigentliche *Rafflesia*-Pflanze lebt als Vollparasit und durchwuchert mit einfachen, pilzartigen Zellfäden das Wurzelgewebe ihrer Wirtspflanzen, meist Verwandte der Weinrebe (Familie Vitaceae). Nur zur Blütezeit verrät sie ihre

Abb. 2.35   Die Blüten der vollparasitisch lebenden *Rafflesia arnoldii* sind hinsichtlich ihrer beträchtlichen Abmessungen kaum zu toppen

Anwesenheit, wenn sie ihre riesigen, sternförmigen Einzelblüten direkt auf dem Boden ausbreitet (Abb. 2.35). Durch akuten Lebensraumverlust ist die Pflanze hochgradig gefährdet – ebenso wie ihre gesamte engere Verwandtschaft, die ein rundes Dutzend Arten mit (etwas) kleineren Blüten bis zu 60 cm Durchmesser umfasst.

Standen bislang nur ausgefallene Einzelpflanzen oder -blüten im Vordergrund, die mit seltsamen Abmessungen aufwarten, schauen wir uns jetzt einmal kurz bei den Blütenständen um. Eine der zweifellos spektakulärsten Erscheinungen im Pflanzenreich ist die ebenfalls nur in den Regenwäldern Sumatras vorkommende Titanenwurz (*Amorphophallus titanum*), eine enge Verwandte des heimischen Aronstabs (Abb. 2.36). Diese Art entwickelt nur ein einziges, allerdings mehrfach gefiedertes Blatt, das aussieht wie ein kleiner Baum – bis zu 6 m hoch, ungefähr ebenso breit und getragen von einem 10 cm dicken Blattstiel. Auch der im Wechsel mit dem Blatt erscheinende Blütenstand sprengt alle sonst üblichen Dimensionen: Winzige männliche und weibliche Blüten sitzen an der Basis einer kolossalen, keulenförmig verdickten, bis über 3 m hohen, bleichen Blütenstandsachse. Sie wird von einem riesigen, trichterartig gefalteten, bis zu 1,5 m breiten Hochblatt eingehüllt. Beim Aufblühen verströmt auch der Blütenstand der Titanenwurz einen ziemlich üblen Aasgeruch und lockt damit die Weibchen nachtaktiver Käfer aus den Gattungen *Creophilus* und *Diamesus* an, die ihre Eier sonst in verwesende Tierkadaver legen. Beim Blütenbesuch erfolgt die Bestäubung. Da sich im gewaltigen Hochblatttrichter zeitweilig auch Regenwasser sammelt und Indische Elefanten erwiesenermaßen da-

Abb. 2.36 Teilansicht des beeindruckenden Blütenstands der Titanenwurz aus dem Botanischen Garten in Bonn: Die Blühtermine gehen durch die Medien und locken große Besuchermengen an

raus trinken, ist es nicht nur theoretisch möglich, dass die Bestäubung der Titanenwurz ab und zu sogar durch die Dickhäuter erfolgt.

Betrachten wir nun den baumlangen Blütenstand einer Amerikanischen Agave (*Agave americana*): In Mitteleuropa sieht man sie allenfalls als Kübelpflanze in großen Gärten. Im Mittelmeergebiet ist sie fast überall eingebürgert. Beheimatet ist sie von Mittelamerika bis zum westlichen Nordamerika mit Verbreitungsschwerpunkt in Mexiko. Schon bald nach der Entdeckung der Neuen Welt durch Kolumbus brachte man jüngere Pflanzen nach Europa. Das erste Exemplar hat 1583 in einem Garten bei Pisa geblüht.

Auch im nicht blühenden Zustand ist die Pflanze recht eindrucksvoll. Ihre 20–30 meist bläulich grünen (bei Zierformen auch gelb gestreiften) Blätter werden etwa 1,5 m lang und bilden eine bis zu 3 m breite Rosette. Sie sind besonders dickfleischig, kaum flexibel und tragen am Blattrand kräftige, leicht gekrümmte Dornen. Noch imposanter ist die Pflanze jedoch, wenn sie im Hochsommer ihren Blütenstand bis auf etwa 8 m Höhe streckt. Er verzweigt sich nach Art einer Rispe. Jeder der 25–30 Äste trägt etwa 1000 kleinere Einzelblüten.

Agaven sind das bekannteste Beispiel für mehrjährige Pflanzen, die aber nur einmal in ihrem Leben blühen und demnach hapaxanthisch sind: Nach etwa 10–40 Jahren schiebt der Hauptstamm auf Kosten der Blattrosette den beachtlichen und etliche Meter hohen Blütenstand, der im Mittelmeergebiet an vielen Stellen noch lange Zeit persistiert. Schon während der Hauptblütezeit schrumpfen die Rosettenblätter zu dürren Streifen und die gesamte Pflanze stirbt nach der Fruchtreife ab – sie ist also hapaxanthisch. Allerdings finden sich versteckt in den Blattachseln ruhende Brutknospen, die nach Wegfall der Wachstumshemmung durch den Hauptspross austreiben und somit die vegetative Vermehrung sicherstellen.

3

Anmerkungen zu Fülle und Vielfalt

Auch wenn ein Grundkonzept stimmt, gibt sich die Natur offensichtlich nicht mit wenigen Anwendungen zufrieden, sondern wandelt sie in langen Zeiten unentwegt zu umfangreichen Mustern, Reihen und Serien ab. Davon überzeugt sofort vor allem ein Blick auf die Insekten. Allein in der Familie der Rüsselkäfer (Curculionidae) gibt es weltweit mit rund 80.000 mehr verschiedene Arten als in jeder anderen Familie des Tier- oder Pflanzenreichs. Mit rund 26.000 Arten in 860 Gattungen sind die Orchideen die Spitzenreiter im Artenreichtum unter den Blütenpflanzen, gefolgt von ungefähr 23.000 Arten in 1600 Gattungen der Korbblütengewächse sowie 11.000 Arten in

B. P. Kremer, *Geheimnisvolles von Blumen und Blüten*,
https://doi.org/10.1007/978-3-662-70418-9_3

707 Gattungen der Süßgräser. Die meisten der heute unterschiedenen Pflanzenfamilien kommen mit deutlich weniger Arten aus. Die Samen- bzw. Blütenpflanzen mit bislang knapp 300.000 beschriebenen und vermutlich über 400.000 Arten, die auf mehr als 600 Familien verteilt werden, sind ein äußerst beeindruckendes, wenn nicht sogar erdrückendes Beispiel einer kaum zu begreifenden und in ihrer Gesamtheit schwer zu überblickenden Vielfalt. Vermutlich sterben viele Spezies aus dem ursprünglich vorhandenen Artenschatz durch Lebensraumverlust aufgrund anthropogener Einwirkungen aus, bevor sie überhaupt entdeckt und beschrieben werden konnten.

Bei aller Verschiedenheit stimmen die in der Abteilung Spermatophyta des Pflanzenreichs zusammengefassten Arten dennoch in den wesentlichen Merkmalen ihres Blütenbaus überein, aber sie lassen sich zur Freude der forschenden Fachwissenschaftler ebenso wie der genießenden Pflanzenliebhaber auch in Klassen, Ordnungen und Familien und weitere systematisierende Rangstufen (Taxa) einteilen, weil es eben abgestufte Ähnlichkeiten gibt. Dennoch überrascht angesichts der vielen Typen und Varianten ein wichtiger Befund: Jede Blütenpflanzenart zeigt in ihrer Blütengestalt eine einzigartige Merkmalskombination, anhand derer man sie artgenau erkennen und beschreiben kann (Abb. 3.1).

Diesen Sachverhalt kennt bereits die vorwissenschaftliche Erfahrung, wenn sie das Heer der Blüten und Blumen zumindest nach Gattungen unterscheidet: Eine Nelke sieht eben anders aus als eine Rose und ein Veilchen wird man jederzeit von einer Taubnessel unterscheiden können. Intensiver Trainierte können allein an der Blütenform einen Gamander-Ehrenpreis (*Veronica chamaedrys*) von einem Wald-Ehrenpreis (*Veronica officinalis*) unterschei-

Abb. 3.1 Jede hat ihr eigenes artspezifisches Design und ist somit einzigartig: Blüte vom Drüsigen Springkraut (*Impatiens glandulifera*)

den und die Hochleistungsspezialisten unter den Freilandfloristen – sie diskutieren übrigens meist viel unerbittlicher als verbissene Juristen – erkennen mit einem einzigen Blick auf eine heimische Orchideenblüte, ob hier ein Kreuzungsbastard der Unterart *ochroleuca* vom Steifblättrigen Knabenkraut (*Dactylorhiza incarnata*) mit dem Breitblättrigen Knabenkraut (*Dactylorhiza majalis*) vorliegt oder ob eventuell auch noch ein paar gestaltliche Züge vom Fuchs'schen Knabenkraut (*Dactylorhiza fuchsii*) dabei sind. So bewundernswert solche Detailkenntnisse sind, ist doch das generell eigentlich Erstaunliche, dass die Natur allein in den Verwandtschaftskreisen der Blütenpflanzen eine so gewaltige Bandbreite in abgestufter Ähnlichkeit hervorgebracht hat. Ein paar weniger hätten es womöglich auch getan, aber dann wäre unsere wunderbare Welt gewiss auch ein Stück langweiliger. Allerdings: Wir sind wegen des akuten Artenschwunds in allen Ökosystemen sämtlicher Kontinente ohnehin auf dem schlimmen Weg, die erlebbare Vielfalt der Biosphäre wieder beträchtlich zu monotonisieren.

Es ist zweifellos eine Herausforderung und ein Vergnügen zugleich, die Abwandlungen und Bauvarianten von Blüten zu erkennen und eventuell auch benennen zu können. Das erfordert fallweise genaueres Hinsehen und dabei hilft – wie immer beim Abtauchen in die natürlichen Kleinwelten – eine brauchbare Lupe.

Blüten im Kollektiv

Im richtigen Größenmaßstab und am besten ganz aus der Nähe betrachtet ist jede Blüte bzw. Blume eine faszinierende Einzelschöpfung – ein zunächst vielleicht übersehenes Individuum vom Acker-Gauchheil (*Anagallis arvensis*) mit seinen nur wenigen Millimetern Kronendurchmesser ebenso wie eine knallige Runzel-Rose (*Rosa rugosa*) mit ihrer knapp handflächenbreiten Blütenhülle (Kapiteleingangsbild) und erst recht die pompös aufgemachte Blüte vom Frauenschuh (*Cypripedium calceolus*) (Abb. 3.2), die zu den größten in der heimischen Flora gehört. Noch ansprechender wirken Blüten und Blumen allerdings im Kollektiv, beispielsweise gebündelt in einem Blumenstrauß oder in einem vergleichbaren Gebinde. Auch diese besondere Optik lebt uns die Natur vor. Nur relativ wenige Blütenpflanzen entwickeln am Ende der Sprossachse lediglich eine einzige Blüte wie etwa die Tulpe. Viel häufiger trägt die Sprossachse ihre oft zahlreichen Einzelblüten in Gruppen, die man dann als Blütenstände (Infloreszenzen) bezeichnet.

Gestaltlich ist der gesamte Blütenstand von der übrigen (rein vegetativen) Region der betreffenden Pflanze fast immer deutlich abgesetzt. Jede einzelne

Abb. 3.2 Die Frauenschuheinzelblüte (*Cypripedium calceolus*) gehört zu den größten in der heimischen Flora

Blüte sitzt gewöhnlich in der Achsel eines kleinen Blatts, das man folgerichtig als Tragblatt bezeichnet. Die Tragblätter können grün sein und erinnern oft auch an die normalen Laubblätter der nicht blühenden Sprossregion, aber sie sind in Größe und Umriss meist stark vereinfacht sowie oft sogar recht unauffällig oder – in anderen Fällen – lebhaft ausgefärbt, womit sie zum ästhetischen Gesamteindruck des gesamten Arrangements wesentlich beitragen (Abb. 3.3).

Natürlich haben es die Botaniker nicht unterlassen, sich auch die Blütenstände genauer anzusehen und versuchsweise Ordnung in die vorgefundene Vielfalt zu bringen. Die wenigen wirklich wichtigen Grundtypen lassen sich gut mit einfachen Schemadarstellungen wiedergeben (Abb. 3.4): Bei einer Ähre sitzen die Einzelblüten ungestielt in der Achsel ihres Tragblatts. Stellt man sich die Blütenstandsachse einer Ähre kräftig verdickt vor, gelangt man zum Kolben. Lässt man sie seitlich stark in die Breite gehen, entsteht der Blütenkorb, der familientypisch kennzeichnende Blütenstand der Korbblütengewächse (Asteraceae).

Von diesen Formen mit einfacher Achse sind die verzweigten Blütenstände zu trennen, die man als spezielle Achsensysteme aufzufassen hat. Bei einer

Abb. 3.3 Bei der seltenen Weißen Braunelle (*Prunella laciniata*) sind die Tragblätter der Einzelblüten randlich rötlich verfärbt und betonen damit das Erscheinungsbild des endständigen Gesamtblütenstands

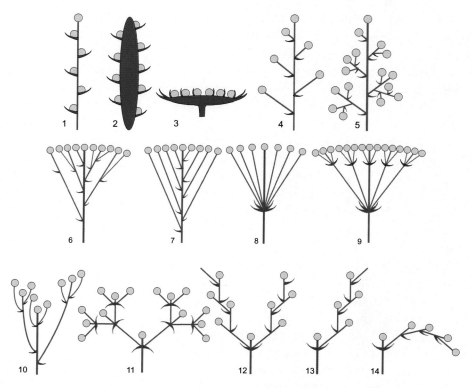

Abb. 3.4 Einfache bzw. verzweigte Blütenstände schematisch: 1 Ähre, 2 Kolben, 3 Körbchen, 4 Traube, 5 Rispe, 6 Schirmrispe (Doldenrispe), 7 Schirmtraube (Trugdolde), 8 Dolde. 9 zusammengesetzte Dolde (Doppeldolde), 10 Spirre, 11 Dichasium, 12 Monochasium, 13 Fächel, 14 Wickel

Traube sind die Einzelblüten kürzer oder länger gestielt und sitzen demnach auf Seitenzweigen. Bei der Rispe sind die Seitenzweige ihrerseits verzweigt. Stehen die Blüten im entwickelten Blütenstand auf einer Ebene, unterscheidet man je nach Lage der Verzweigungspunkte Doldentraube, Doldenrispe (Schirmrispe), Dolde, Doppeldolde (zusammengesetzte Dolde) und Spirre. Von der Erläuterung weiterer Blütenstandssysteme wie der Thyrsen können wir hier absehen.

Mit bis über 3 m Wuchshöhe und seinen rund 1 m langen Laubblättern ist der Riesen-Bärenklau (*Heracleum mantegazzianum*) die größte in Mitteleuropa wild wachsende, krautige Pflanze. Man nennt die Art zwar auch Herkulesstaude, aber sie ist tatsächlich nicht ausdauernd, sondern stirbt nach der Fruchtreife ab. Um 1890 wurde sie aus dem westlichen Kaukasus als Zierpflanze für größere Gärten sowie als ergiebige Bienenweide eingeführt. Mehrfach haben Jäger sie auch als Deckungspflanze für das Wild angepflanzt. Unterdessen ist die Art als Neophyt fest eingebürgert und vor allem an Wegrändern sowie an Flussufern weit verbreitet.

Vor allem zur Blütezeit im Hochsommer ist der Riesen-Bärenklau zweifellos eine äußerst imposante und dekorative Erscheinung. Seine Blütenstände sind zusammengesetzte Dolden bzw. geradezu doppeldoldige Riesenräder. Die Gesamtdolde am Ende der Hauptachse wird bis über 50 cm breit. An den Seitenzweigen bleiben die Doldendurchmesser etwas kleiner, erreichen aber auch hier durchweg mehr als 25 cm. Eine ausgewachsene Pflanze trägt bis etwa 50.000 Einzelblüten und jede bringt zwei Teilfrüchte hervor, die viele Jahre keimfähig bleiben. Damit ist der Ausbreitungserfolg fast schon garantiert.

In letzter Zeit ist die Pflanze arg in Verruf geraten – bei Naturschützern, weil sie (angeblich) an ihren Wuchsplätzen die heimische Pflanzenwelt verdränge, und bei Sicherheitsfanatikern, weil der aus verletzten Pflanzenteilen auf die Haut gelangte Saft heftige, verbrennungsähnliche Entzündungen hervorruft (Dermatitis), insbesondere nach Exposition im Sonnenlicht. Den Direktkontakt kann man aber ebenso vermeiden wie den zur Brennnessel, über die sich schon längst niemand mehr erregen mag.

Endet der Blütenstand – wie bei der relativ seltenen geschlossenen Traube – mit einer voll entwickelten Blüte, ist diese die anlageälteste und blüht daher auch als Erste auf. Die weitere Aufblühfolge verläuft dann von oben nach unten (basipetal). Bei den offenen Blütenständen fehlt die abschließende Gipfelblüte und solche Systeme blühen von unten nach oben auf (akropetal).

Außer diesen Grundtypen überraschen die Blütenpflanzen – nicht gänzlich unerwartet – mit etlichen weiteren Blütenstandsformen, an denen sich die Fachleute der Pflanzenmorphologie begrifflich wunderbar austoben konnten. Die Übersicht in Abb. 3.4 zeigt insofern nur wenige der in der Natur tatsächlich vorkommenden Varianten. Es fällt schwer, angesichts der zahlreichen Formen und Sonderbildungen der Versuchung zu widerstehen, allein zu dieser Thematik (noch) einen dickleibigen Folianten zu verfassen.

Organe im Verbund

Bei einer Tulpenblüte mit ihrem trimer-pentazyklischen Aufriss aus je drei Blattorganen in insgesamt fünf Kreisen zeigen sich die Bauteile vor allem deshalb so überschaubar klar und einfach, weil sie einzeln und somit deutlich getrennt auf ihren Kreisen untergebracht sind (vgl. Abb. 2.19a). Blütenbauteile können jedoch auch untereinander und miteinander verwachsen, womit sich die Natur ein weites Feld für interessante Abwandlungen eröffnet hat. Sie zeigen sich schon im engeren verwandtschaftlichen Umfeld der Liliengewächse (zu denen die Tulpe gehört), beispielsweise in der Gattung Blaustern (*Scilla*). Die nicht ganz so häufige heimische Art *Scilla bifolia* trägt wie die Tulpe bis zur Basis freie Blütenhüllblätter. Beim Hasenglöckchen (*Scilla non-scripta*) sind sie dagegen nur am Grunde verwachsen, was den deutschen Namen erklärt. Bei den Träubelhyazinthen (Gattung *Muscari*) sind die Hüllblätter immer miteinander verwachsen und bilden eine bauchige, enge Glocke, bei der lediglich an der Spitze noch sechs kurze Zipfel verbleiben. Selbst bei eng verwandten Arten kann die Verwachsung unterschiedlich ausfallen. Beim Schneeglöckchen (*Galanthus nivalis*) sind nur die inneren Hüllblätter miteinander röhrig verbunden (Abb. 3.5), während beim Märzenbecher (*Leucojum*

Abb. 3.5 Beim Schneeglöckchen (*Galanthus nivalis*) sind nur die inneren drei Perigonblätter röhrig miteinander verwachsen: Blütenansicht aus der Perspektive eines Besucherinsekts

vernum) alle sechs eine breite Glocke bilden. Sind sämtliche Blütenhüllblätter miteinander verwachsen, sieht es fast so aus, als würden sie nur einem einzigen Blattkreis angehören. Wenn man der Ansicht zuneigt, dass die erwähnten Einkeimblättrigen als Blütenhülle ein ungegliedertes Perigon mit Perigonblättern (Tepalen) aufweisen, dann wäre die Verwachsung dieser Organe konsequenterweise als Syntepalie zu bezeichnen.

Bei den Zweikeimblättrigen mit Kelch und Krone als Blütenhülle (Perianth) findet sich eine vergleichbare Palette. Bei den Kreuzblütengewächsen, beispielsweise beim Acker-Senf (*Sinapis arvensis*) und beim Silberblatt (*Lunaria annua*), bleiben die je vier Kelch- und Kronblätter bis zur Ansatzstelle am Blütenboden unverbunden. Genauso ist es bei vielen Rosengewächsen, beispielsweise bei der Hecken-Rose (*Rosa canina*) und beim Gänse-Fingerkraut (*Potentilla anserina*), sowie bei manchen Nelkengewächsen, etwa bei der Großen Sternmiere (*Stellaria holostea*), aber auch den Krokusarten (*Crocus* spp.) im Frühlingsgarten (Abb. 3.6). Vielfach nimmt die Blütenkrone aber durch Verwachsung ihrer Elemente eine besondere Gestalt an. Dabei können die einzelnen Kronblätter bis auf die freien Kronblattzipfel fast auf ihrer ganzen Länge miteinander verwachsen sein wie bei den Enzianen (*Gentiana* bzw. *Gentianella* spp.) oder sie bilden nur im unteren Teil eine enge Röhre, während der größere Teil frei bleibt wie bei den Ehrenpreisarten (*Veronica* spp.) und beim Kleinen Immergrün (*Vinca minor*) (Abb. 3.7). Fachmännisch nennt man die Kronblattverwachsung Sympetalie. Sie kann von einer Verwachsung der Kelchblätter (Synsepalie) begleitet werden wie bei den Taubnesseln

Abb. 3.6 Unverbunden und somit frei bis zum Blütengrund: Einzelblüte eines Gartenkrokus (*Crocus* sp.)

Abb. 3.7 Beim Kleinen Immergrün (*Vinca minor*) sind die Kronblätter nur am Grunde röhrig verwachsen, während die asymmetrisch gestalteten Kronblattzipfel frei bleiben

Abb. 3.8 In den Blüten des Gefleckten Lungenkrauts (*Pulmonaria officinalis*) sind Kron- und Kelchblätter miteinander glockig-röhrig verwachsen

(*Lamium* spp.) oder beim Gefleckten Lungenkraut (*Pulmonaria officinalis*) (Abb. 3.8), aber der Kelch kann ein geschlossener Container sein, während die Kronblätter gänzlich frei bleiben wie bei den Lichtnelken (*Silene* spp.). Die Zahl der Gestaltungsmöglichkeiten ist mithin beträchtlich.

Bleibt noch zu erwähnen, dass fallweise selbstverständlich auch die Staubblätter zumindest anteilig miteinander verwachsen: Bei den Korbblütengewächsen bilden sie einen geschlossenen Ring und bei den meisten

Schmetterlingsblütengewächsen sind neun der insgesamt zehn Staubblattfilamente röhrig miteinander verbunden (vgl. Abb. 2.20). Zudem können die Staubblattfilamente an ihrer Basis auch mit den Kronblättern verwachsen. Dieser Fall findet sich beispielsweise bei den Schlüsselblumen (Primeln). Im Fruchtblattkreis ist die Verwachsung der einzelnen Karpelle so charakteristisch, dass sie kaum noch als Besonderheit erwähnt wird – vermutlich deshalb, weil sie für die Gestaltbildung und das äußere Erscheinungsbild der Blüte nicht ganz so folgenreich ist wie die übrigen Umbauten in der Blütenhülle.

Einen sicherlich beachtenswerten Sonderfall einer Blütenkonstruktion bieten die Schwertlilien (Gattung *Iris*): Sie entwickeln jeweils am Sprossachsenende eine zweifellos formschöne und klar strukturierte einzelne Blüte mit allen erforderlichen Bauteilen, aber diese funktioniert überraschenderweise wie drei verschiedene Einzelblüten: Die einheitlich konturgenau umrissene Schwertlilienblüte umfasst nach bestäubungstechnischen Kriterien tatsächlich drei klar getrennte Schwertlilienblumen mit jeweils separatem Eingang für die angelockten Blütenbesucher, wie sie die Skizze in Abb. 2.19b verdeutlicht. Eine solche Konstruktion nennt man Meranthium. Dieser Fall ist in der Natur nicht gar zu häufig vertreten.

Die gesamte Typologie von Verwachsungsmöglichkeiten aufzuzählen, wäre ein relativ aufwendiges Katalogisierungsunterfangen. Für die eigene Erkundung von Blüten mit Pinzette und Lupe bietet sich hier ein bemerkenswert reichhaltiges Betätigungsfeld.

Hülle mit Fülle

Gefüllte Blüten sind gewöhnlich die Stars eines jeden Sommergartens. Wie kommen die Blumen zu solcher Auffälligkeit? Die bunten Blumenrabatten im Stadtpark zeigen es ebenso wie der Blick in einen üppig bestückten Sommerblumengarten: Herausragender Blickfang in der Parade aufgedonnerter pflanzlicher Mannequins sind die besonders großen, farbgesättigten Blüten, gegen die in üblicher Aufmachung blühende Arten geradezu wie graue Mäuse erscheinen. Nicht nur ungewöhnliche Größe, umwerfender Duft oder betont knallige Farbigkeit macht diese Blumen zu den Stars des Sommergartens, sondern auch ihre von der Norm abweichende Architektur: Viele beliebte und folglich häufig verwendete Gartenblumen sind nämlich gefülltblütig. Auch Gartenkataloge bieten jede Menge Abbilder solcher Vorlieben für besonders pompöse Erscheinungen. Seitenweise preisen sie höchst ungewöhnlich Blütengestalten an. Da gibt es wie Plüschkugeln aussehende Sonnenblumen

Abb. 3.9   Dahlien (*Dahlia* sp.) sind im Sommergarten vor allem deswegen so beliebt, weil sie ungewöhnlich große und immer ziemlich aufgedonnerte Blütenkörbe entwickeln. Ihr dekorativer Wert steht außer Frage

mit dem Sortennamen Teddybär, Straußenfeder-Astern, Wirrkopf-Begonien und Kaktus-Dahlien (Abb. 3.9).

Schon die kurze Umschau unter den keineswegs typenarmen Modellserien heimischer Wildblumen bestätigt jedoch, dass gefüllte Blüten in der Natur nicht vorkommen. Hier zeigen die Blüten bei aller Vielgestaltigkeit einen meist bemerkenswert klaren, überschaubaren Aufbau. Mögen die sehr rundlichen und großformatig aufgemotzten Gartenschönen auch beinahe unwirklich aussehen, so verwirklichen sie ihre fülligen Formen dennoch ausschließlich im Rahmen bereits existierender Blütenbaupläne. Dabei steuern sie gleichsam vorliegende Entwicklungsprogramme geringfügig, aber mit respektablem Erfolg um.

Vorbilder aus der Natur

Bei den Seerosengewächsen lassen sich zweierlei interessante Erscheinungen auf dem Weg zur Gefülltblütigkeit beobachten. Während die Gelbe Teichrose (*Nuphar lutea*) nur fünf große, lebhaft gefärbte Blütenhüllblätter entwickelt, ist deren Anzahl bei der nahe verwandten Weißen Seerose (*Nymphaea alba*) nicht eindeutig festgelegt. Vor allem aber gibt es bei dieser Gattung tatsächlich fließende Übergänge zwischen Blütenhüll- und Staubblättern, woraus die enge morphologische Verwandtschaft beider Organbereiche überzeugend

Abb. 3.10 Bei manchen Garten(teich)formen der Seerose sind die Blüten offen und erlauben Blicke auf die zahlreichen Staubblätter

abzuleiten ist. Die äußeren Pollensäcke sitzen als chromgelbe Zipfel auf verkleinerten, aber sonst schneeweißen Blütenhüllblättern, während die inneren wie üblich auf kleinen Stielen untergebracht sind. Für die vergleichende Gestaltlehre ist gerade dieser Fall besonders aufschlussreich, beweist er doch wieder einmal die Blattnatur sämtlicher Blütenbauteile. Verschiedene Gartenformen von Seerosen (*Nymphaea* spp.) haben offene Blüten, sodass man die mengenweise vorhandenen Staubblätter sehen kann (Abb. 3.10).

Die Weiße Seerose (*Nymphaea alba*) und ihre artenreiche, vor allem tropisch verbreitete Verwandtschaft könnte man als eines der wenigen Beispiele einer von Natur aus (zumindest andeutungsweise) gefüllten Blüte auffassen. Sie steht damit gleichsam Modell für das Zustandekommen der gefüllten Blüten zahlreicher Gartenblumen. Deren simpler Trick besteht nämlich nur darin, die dekorativ-auffälligen Teile der Blütenhülle auf Kosten anderer Blütenorgane zu vermehren. Gewöhnlich tragen solche Blüten vermehrt bunte Kronblätter zur Schau und verringern gleichzeitig die Anzahl der Staubblätter. Dabei entstehen lagenreiche, aufgebauschte Gebilde wie bei der Damengarderobe des Rokoko. In gefülltblütigen Tulpen kann man es durch einfaches Nachzählen überprüfen. Bei den beliebten Gartenklassikern wie den alten Damaszener- und Centifoliarosen trifft man dagegen auf weniger klare Verhältnisse, im vielteiligen Hüllbereich jedoch meist auf Vielfache von fünf. Wenn also die Blütenfüllung im Wesentlichen aus einer Vermehrung der Blütenhüllorgane auf Kosten der Staubblätter besteht, so sollten gefülltblütige Formen besonders in solchen Verwandtschaftsgruppen auftreten, bei denen programmgemäß eine größere Staubblattanzahl für den Umbau zur Verfügung steht. Sehr häufig tritt diese Erscheinung eben bei den Rosengewächsen auf, dann auch bei den Hahnenfußgewächsen und sonst nur bei erstaunlich wenigen Pflanzenfamilien mit vorherrschend sternförmiger (radiärer) Blütensymmetrie. Gerade die Hahnenfußgewächse liefern zudem den Beweis dafür, dass grundsätzlich alle Blütenteile zu bunten Blütenhüll- bzw. Kronblattgebilden umzugestalten sind. Bereits Goethe, der sich – angeregt von den entwicklungsgeschichtlichen Studien des Hamburger Botanikers Joachim Jungius (1587–1657) und des italienischen Naturforschers Marcello Malpighi (1628–1694) – eingehend mit der Gestaltbildung der höheren Pflanzen befasste, erwähnt in seinem berühmten Grundlagenwerk zur Pflanzenmorphologie ein umgestaltetes Exemplar des rotblütigen Asiatischen Hahnenfußes (*Ranunculus asiaticus*), bei dem sogar die zahlreichen Fruchtknoten sämtlich in Kronblätter umgewandelt waren und von den planmäßigen Blütenhüllblättern allerdings durch einen Staubblattkreis getrennt blieben. Umgekehrt hat man bei Blüten des Schlaf-Mohns (*Papaver somniferum*) beobachtet, dass Staubblätter sich zu Fruchtknoten umbildeten und folglich aus einer Blüte dichte Kapselbüschel entstanden. Somit gehören die gestaltlichen Umrüstungen auch im Bereich der Blüte letztlich in das interessante Gebiet pflanzlicher Missbildungen, die für vergleichend entwicklungsgeschichtliche Betrachtungen eine Menge interessanten Stoff bereithalten.

Von Körben und Köpfen

Der Gestaltwandel von der Normalversion einer Blüte zum gefüllten Dekorationsstück ist nicht nur eine Sache von Einzelblüten, sondern erfasst auch komplex zusammengesetzte Blütenstände, darunter vor allem die dicken Blütenköpfe der Korbblütengewächse. Hierbei werden anstelle einzelner Blütenbauteile ganze Blüten umfunktioniert: Aus fertilen Röhrenblüten der Körbchenmitte werden (überwiegend) sterile Zungenblüten, wie sie bei vielen Korbblütlern gewöhnlich nur im Randbereich auftreten. Dieser Umbau, der mit durch und durch gefüllten Blütenköpfen endet, ist gerade bei Gartenblumen wie Maßliebchen (*Bellis*), Sonnenblume (*Helianthus*), Sonnenhut (*Rudbeckia*), Ringelblume (*Calendula*), Herbstastern (*Aster*), Dahlien (*Dahlia*) oder Zinnien (*Zinnia*) und etlichen anderen (Abb. 3.11) so weit verbreitet und häufig, dass man ihn kaum noch als Fehlsteuerung der Gestaltbildung ansieht, sondern die betreffenden Formen gerade wegen ihrer abweichenden Stilrichtung besonders schätzt.

Abb. 3.11 Nur eines der vielen Beispiele für die Komplexblütenstände der Korb-blütengewächse (Asteraceae) ist die Färberkamille (*Anthemis tinctoria*)

Die Morphologie der wie gewöhnliche radiärsymmetrische Blüten aus-sehenden Blütenköpfe der Korbblütengewächse (Asteraceae) erfordert eine kurze, gesonderte Betrachtung. Auch wenn sich das Erscheinungsbild ganz anders darstellt, präsentieren ein blühender Löwenzahn oder gar das ganzjäh-rig blühaktive Gänseblümchen tatsächlich keine Einzelblüte, sondern einen komplex zusammengesetzten Blütenstand mit vielen Einzelelementen: Die Blütenköpfe bzw. Blütenkörbe der überaus artenreich vertretenen Korb-blütengewächse sind immer Ensembles aus wenigen bis sehr zahlreichen Einzelblüten, auch wenn sie oft von einer grünen Hülle (Involucrum) um-geben sind, die einen konventionellen Kelchblattkreis vortäuscht. Früher nannte man diese Pflanzenfamilie Compositae (die Zusammengesetzten). Dabei sind – vereinfachend und nur die heimischen Arten betreffend – zwei verschiedene Modelle zu unterscheiden:

Bei der Unterfamilie Zungenblütige (Liguliflorae) sind alle Einzelblüten wie beim Löwenzahn fünfzipflig zungenförmig (Abb. 3.12) und außerdem führen die Pflanzen in allen Teilen Milchsaft. Bei der Unterfamilie Röhren-blütige (Tubuliflorae) – das Gänseblümchen wäre einer ihrer markanten Ver-treter – fehlen die Milchsaftschläuche und die Einzelblüten sind entweder dreizipflig zungenförmig als strahlende Randblüten oder fünfzählig röhren-förmig als zentrale Scheibenblüten entwickelt.

Übrigens gibt es bei den Korbblütengewächsen auch den umgekehrten Fall – den Ersatz randständiger Zungenblüten durch voll funktionstüchtige Röhrenblüten. Man findet diese Erscheinung beispielsweise bei Kamille

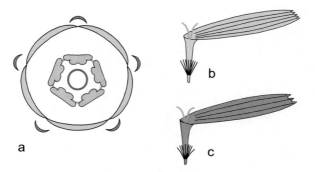

Abb. 3.12 Genereller Blütengrundriss bei den Korbblütengewächsen (**a**) und fünfzipf-lige Zungenblüte der Liguliforen (**b**) sowie eine dreizipflige der Tubuliforen (**c**)

(*Matricaria, Chamomilla*), Kreuzkraut (*Senecio*), Habichtskraut (*Hieracium*) oder Wegwarte (*Cichorium*). Eine der wenigen häufigeren Gartenpflanzen, deren Blütenköpfe durch eine solche Umrüstung verändert wurden, ist der Leberbalsam (*Ageratum*). Solche Lösungen sind ökologisch unbedenklich, weil sie Insekten tatsächlich etwas zu bieten haben. Blüten oder Blütenköpfe, die nur noch aus Verpackung bestehen, sind für blütenbesuchende Kleintiere dagegen ökologisch völlig wertlos und ein totaler Flop, denn sie finden hier keine Nahrung(squelle).

Bleibt die Frage, was denn eigentlich eine Pflanze veranlasst, die Normal-entwicklung ihrer Blütenorgane beinahe beliebig umzugestalten und daraus monströse Schauobjekte herzurichten. So komplex die dazu erforderlichen Einzelschritte sind, so einfach ist letztlich der Erklärungsansatz: Im Grunde genommen genügt zur Umsteuerung in Richtung Fehlentwicklung die Betä-tigung weniger molekularer Schalter. Alle Zellen einer sich entwickelnden Blütenknospe enthalten ebenso wie im gesamten Rest der Pflanze jeweils alle für die betreffende Art kennzeichnenden Erbinformationen, abgespeichert in den Bausteinfolgen der Nucleinsäuren. Aber nicht jede Zelle oder jedes Ge-webe setzt die Gesamtheit dieser Information auch tatsächlich in Form-bildungsvorgänge um. Die planmäßige, geordnete Entwicklung zum gestalt-lich arttypischen Individuum setzt vielmehr voraus, dass in bestimmten Ge-weberegionen nur ausgewählte Programmteile aus dem Gesamtvorrat abgerufen werden. Was einen kleinen Gewebeausschnitt am Ende der Spross-achse darüber orientiert, dass hier zunächst grüne, später intensiv bunt aus-gefärbte Zellen für Kronblätter und eben keine Wurzelrinde anzulegen ist, ist eine im Detailablauf immer noch weitgehend unerklärte Koordinations-leistung. Eher ist zu verstehen, dass im Programmabschnitt „Blüte" die Ent-scheidung zwischen Kronblatt und Staubblatt leicht zu beeinflussen ist, zumal beide Blütenbestandteile im Normalfall in engster Nachbarschaft zueinander entstehen. Pflanzenhormone sind für die Programmwahl und damit für die Betätigung der molekularen Schalter verantwortlich. Das zeigen unter anderem schon vor Jahrzehnten durchgeführte Experimente, bei denen man durch gezielte Wuchsstoffgaben den weiteren Formbildungsweg einzelner Blütenregionen umstimmen konnte.

Lange Leitung

Die genauere Inspektion unserer heimischen Flora deckt in Struktur und Funktion einzelner Spezies mancherlei Überraschungen auf. Dazu gehören auch diejenigen Arten, die im Jahreslauf eher zur Unzeit blühen. Eigentlich ist die Blühsaison am Herbstbeginn zu Ende. Die meisten Wildpflanzen, die jetzt dennoch in Blüte stehen, sind entweder Nachzügler des Hoch- und Spätsommers oder solche, die sich nicht unbedingt an die Jahreszeiten halten wie das fast ubiquitär verbreitete Gänseblümchen (*Bellis perennis*). Auch die Herbst-Zeitlose (*Colchicum autumnale*) blüht offensichtlich nach der Hauptsaison und führt diese Eigenart sogar im Namen – Blütezeit und Laubaustrieb sind bei dieser Art zeitlich völlig entkoppelt und weit getrennt. In lückiger Nachbarschaft ohne verwirrende Halmkulisse erkennt man sofort, dass die Blüte gänzlich ohne weitere Hüll- oder Schuppenblätter unmittelbar aus dem Boden kommt (Abb. 3.13). Die Blütenblätter gehen in eine schlanke, rundum geschlossene Röhre über. Innerhalb der Blüte findet man eine dreiteilige Narbe und sechs Staubblätter, aber überraschenderweise keinen Fruchtknoten. Dieser sitzt nämlich fast zwei Handbreit tiefer im Boden innerhalb einer Knolle. Die gesamte Blütengröße berechnet sich also aus den 4–8 cm Länge der freien Blütenblattzipfel und der bis zu 25 cm langen Blütenröhre. Mit diesen rund 30 cm Gesamtlänge ist die Blüte der Herbst-Zeitlose der absolute Rekordhalter unter den europäischen Blütenpflanzen.

Entsprechend weit ist der Weg, den der Pollenschlauch von der Narbe durch das Griffelgewebe bis zu den Samenanlagen tief im Boden überwinden muss. Bei den meisten anderen Blüten sind dazu allenfalls einige Millimeter oder wenige Zentimeter zu überwinden. Für die beachtliche Langstrecke benötigt er bei der Herbst-Zeitlose mehrere Wochen, denn ab Herbst bei seinem Tiefgang spürbar gebremst durch die sinkenden Außentemperaturen. Die Befruchtung erfolgt daher irgendwann erst im fortgeschrittenen Winter.

Ab Frühjahr streckt sich dann die Sprossachse und schiebt nunmehr die glänzenden, dunkelgrünen Blätter und eine ovale Kapsel aus dem Boden.

Abb. 3.13   Hinsichtlich ihres Blühtermins gehört die Herbst-Zeitlose sicherlich zu den ungewöhnlichen Arten der heimischen Flora. Sie überrascht aber auch mit sonstigen Eigenarten

Kurioserweise entwickelt sich also am grünen, oberirdischen Spross der Pflanze scheinbar im Direktverfahren eine mit zahlreichen Samen gefüllte Frucht, ohne dass in der neuen Saison die zugehörige Blüte zu sehen gewesen wäre. Eine Vorverlagerung der Blühphase vor die Entfaltung der Blattorgane ist jedoch nicht ungewöhnlich. Windbestäubte Waldgehölze wie Erle, Hasel oder Birke hängen ihre Blüten in die Frühjahrsluft, bevor das dichte Laubwerk dem Pollenflug zu viele Hindernisse in den Weg setzt.

Der herbstliche Blühtermin, mit dem die Herbst-Zeitlose vor dem Wintereinbruch das Frühjahr vorweg nimmt und sich als extremer Frühblüher qualifiziert, mag ursprünglich eine Anpassung an das saisonal trockene Steppenklima ihrer ursprünglichen Heimat gewesen sein, passt aber zufällig recht gut in den traditionellen Bewirtschaftungsrhythmus von Wiesen und Weiden: Die Pflanze blüht nach der letzten Mahd und fruchtet, bevor die Sense alle aufstrebende Botanik erneut flachlegt.

Blüten gliedern das Jahr

Die römischen Floralien, die sicherlich in ihrer Tradition stehenden Maifeste, aber auch Weinblüten- oder Dahlienfeste sowie andere Anlässe im Jahreskreis sind unverkennbar mit Blühen und Blüten assoziiert. Wenn man nicht gerade ein zwischen Betonfassaden eingepferchter Großstadtmensch ist, richtet sich die eigene Wahrnehmung der Jahreszeitlichkeit natürlich nicht streng nach dem Diktat des Kalenders, sondern nach den Phänomenen und Rhythmen der lebenden Natur. Blüten spielen dabei eine ganz besondere Rolle (Tab. 3.1). Weil der jeweilige Witterungsverlauf immer mitspielt und auch die Höhenlage des Beobachtungsorts einen besonderen Einfluss hat, kann man den kalendarisch-astronomisch fixierten Beginn der Jahreszeiten getrost vergessen. Naturbetont lebende Menschen legen ihn mit bestimmten Naturerscheinungen fest. Das hat gerade im bäuerlichen Lebensumfeld seine besondere Einbindung und ist sogar wissenschaftlich genauer erforscht: Mit Phänologie bezeichnet man die periodisch wiederkehrenden Lebensäußerungen von Pflanzen (und Tieren).

Ansonsten ist darauf hinzuweisen, dass bereits viele populäre Pflanzennamen Zitate ihrer jeweiligen jahreszeitlichen Blühaktivität sind: Von Fastnachtsbaum, Märzenbecher, Osterglocke, Maiglöckchen und Pfingstrose lässt sich der Bogen spannen bis zu Sommerflieder, Herbstaster und Winterling.

Der Beginn der Jahreszeiten verzögert sich erwartungsgemäß entsprechend der geografischen Lage des jeweiligen Beobachtungsorts: Je 1° nördlicher Breite und 100 m Höhenzunahme lässt sich daher auf der Grundlage von Erfahrungswerten eine zuverlässige Verspätung in Tagen angeben und dazu auch ein tägliches süd-nördliches Fortschreiten des lokalen Jahreszeitenstarts in Kilometern pro Tag. Weil der Frühling im Allgemeinen von Süden nach Nor-

Tab. 3.1 Pflanzen legen die Jahreszeiten fest

Jahreszeit	beginnt mit …	… und endet mit
Vorfrühling	Blüte von Hasel und Schneeglöckchen	Laubaustrieb der Rosskastanie
Erstfrühling	Laubentfaltung der Rot-Buche	Blüte der Rosskastanie
Vollfrühling	Apfelblüte	Stäuben des Roggens
Frühsommer	Blüte von Schwarzem Holunder	Beginn der Roggenernte
Hochsommer	Roggenreife	Fruchtabwurf der Rosskastanie
Frühherbst	Reife der Rosskastanie	Einsetzende Laubverfärbung
Vollherbst	Einsetzende Laubverfärbung	Allgemeiner Laubfall
Winter	Tagesdurchschnittstemperatur unter 0 °C	Stäuben der Haselkätzchen

Tab. 3.2 Wie die Saison vorankommt

Jahreszeit	Breitenverzögerung (km je Tag)	Höhenverzögerung (Tage je 100 m)	Fortschreiten nach Osten und Süden (km je Tag)
Vorfrühling	1,5–2,6	2,9–3,4	76–74
Erstfrühling	3,4–4,2	ca. 4	33–26
Vollfrühling	3,0–3,6	3,1–4,7	37–27
Frühsommer	ca. 3	3,4–4,2	ca.37
Hochsommer	5,2–5,9	4,3–5,6	27–20

den durch Mitteleuropa zieht, braucht er etwa vier Tage, um einen Breitenkreis (ca. 110 km) zu überwinden. Im Westen startet die Saison erwartungsgemäß etwas früher als im Osten. Für die Überwindung von einem Längengrad (ca. 100 km) benötigt er ebenfalls rund vier Tage. Wenn er von den Tälern auf die Berge steigt, schafft er je 100 m ebenfalls in vier Tagen. Für die einzelnen Jahreszeiten hat man aus der genauen phänologischen Beobachtung die Werte in Tab. 3.2 abgeleitet.

In der heimischen Natur zeigt sich das wieder erwachende Leben schon ab Spätwinter mit den erstaunlich früh blühenden Gehölzen wie Hasel und Erle. Einige Straucharten werden eigens deswegen in Gärten angepflanzt, weil sie schon außergewöhnlich früh blühen. Dazu gehören die Zaubernussarten (*Hamamelis* spp.), der Nacktblütige Jasmin (*Jasminum nudiflorum*), der Winter-Schneeball (*Viburnum fragrans*) oder der seltsame Fastnachtsbaum (*Prunus fenzliana*). Alle winterruhenden Lebewesen benötigen klare Signale aus der Umwelt, um ihre aktive Lebenstätigkeit wieder aufzunehmen. Für die Pflanzen sind die Tageslänge sowie die Durchschnittstemperaturen die wichtigsten Impulsgeber, wobei viele Details aus dem Ablauf dieser Lebensprozesse zwar dem Sachverhalt nach bekannt, aber in den genaueren Steuerungsprozessen noch weitgehend unverstanden sind. Was um alle Welt veranlasst die Schneeglöckchen (*Galanthus nivalis*), schon im Spätwinter aufzublühen, während die Wild- und Gartenrosen sich damit noch bis in den Sommer Zeit lassen?

Kidnapping mit Kesselfallen

Im Allgemeinen stellen unsere wild wachsenden Blütenpflanzen der heimischen Kleintierwelt nicht direkt nach – eine bemerkenswerte Ausnahme sind allerdings die vergleichsweise wenigen tierfangenden Arten, die heimtückischerweise extrem klebrige Leimruten auslegen und damit kleine Insekten sowie unvorsichtige Spinnen. Die in Mooren vorkommenden

Sonnentauarten (*Drosera* spp.) liefern dafür beeindruckende Beispiele. Aber wer hätte Folgendes geahnt? Tatsächlich ereignen sich am Boden des Frühlingswalds ganz unbemerkt und sozusagen in aller Heimlichkeit, aber bei näherem Hinsehen durchaus spektakuläre und veritable Kriminalfälle mit vorübergehender Arrestierung der Blütenstandsbesucher, die aber gewöhnlich für die Betroffenen glücklicherweise glimpflich enden. Wir sprechen hier von der auf gezieltes Kidnapping ihrer besuchenden Insekten überaus funktionssicher angelegten Kesselfalle des heimischen Aronstabs (*Arum maculatum*) (Abb. 3.14). Diese Spezies lockt ihre tageweise in größeren Scharen eintreffenden Besucher ziemlich erfolgreich in ein recht finsteres Verlies und hält sie darin zumindest für eine gewisse Zeit gefangen – meist allerdings nur wenige Stunden oder allenfalls ein bis zwei Tage. Die solchermaßen Übertölpelten – in unseren Breiten zumeist die Art *Psychoda phalaenoides* – haben somit sehr gute Chancen, wieder unbeschadet zu entkommen.

Den komplexen Aronstabblütenstand umschließt ringsum ein großes, tütenförmiges Hochblatt (Spatha), das als flächiges Schauorgan dient. An seiner Basis verengt es sich, um dann noch weiter unten einen rundum geschlossenen, annähernd kugeligen Kessel zu bilden. In das Hochblatt ragt die kolbenförmige Verlängerung der Blütenstandsachse (Spadix) hinein (Abb. 3.15). In diesem speziellen Organ findet ein so intensiver Atmungsstoffwechsel statt, dass der Spadix fast immer um mindestens 10 °C wärmer ist als die Umgebung. Das können Sie sogar fühlen. Gleichzeitig produziert er einen für unsere Nasen nicht gerade angenehmen Duft nach Mäuseurin und

Abb. 3.14 Sie sehen zunächst sehr unverdächtig aus – Bestand des Gefleckten Aronstabs (*Arum maculatum*)

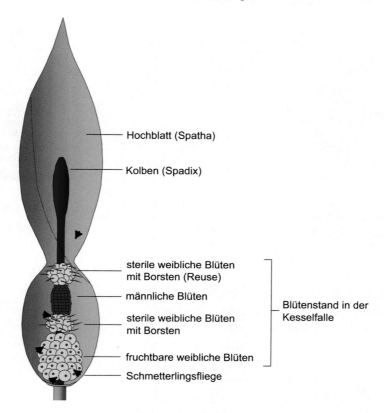

Abb. 3.15 Organisation des Gesamtblütenstands beim heimischen Aronstab (*Arum maculatum*), schematisch

setzt diese spezifische olfaktorische Note wärmebedingt sogar noch unwiderstehlich toll, dass sie scharenweise herbeikommen – meist aber nur die Weibchen. Die gewöhnlich nur um 2 mm großen, schwarzgrauen Tiere können in Ruhestellung ihre beiden Flügel deutlich angewinkelt nach oben tragen, womit sie aussehen wie kleine Schmetterlinge. Sie vermuten in dem Verlies, in das sie ihrem empfindlichen Geruchssinn folgend geraten sind, einen geeigneten Lebensraum für ihre Larven, die meist in organisch stark belasteten Klein(st)gewässern leben, beispielsweise in Jauchegruben.

Sobald sie dem verführerisch-einladenden Duft gefolgt sind und irgendwo auf der Innenseite des Hochblatts landen, gibt es allerdings kein Halten mehr. Auf dessen öliger und deshalb spiegelglatter Oberfläche rutschen sie geradewegs nach unten in den kesselförmig erweiterten Bereich der Spatha. Ein glattes Parkett ist eben immer kritisch.

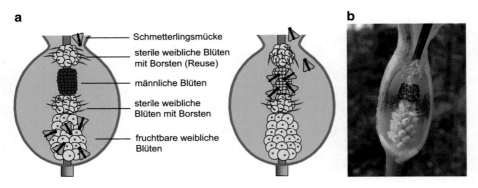

a

Schmetterlingsmücke

sterile weibliche Blüten
mit Borsten (Reuse)

männliche Blüten

sterile weibliche
Blüten mit Borsten

fruchtbare weibliche
Blüten

b

Abb. 3.16 **a** Die *Arum*-Kesselfalle aus der Nähe: Alle kommen gut weg, aber manchmal gibt es auch bedauerliche Unfälle, wenn der Kessel durch Starkniederschläge unter Wasser steht. **b** Nahaufnahme einer aufgeschnittenen Kesselfalle vom Aronstab (*Arum maculatum*)

Im Kessel befinden sich die üblichen, allerdings vergleichsweise schmucklosen Einzelblüten. Alle Versuche, dem Kessel zu entkommen, vereiteln einerseits die auch hier hemmungslos glatten Wände sowie die starren, nach unten gekrümmten Reusenhaare am Kesseleingang. Sie stellen verlängerte Auswüchse eines mehrteiligen Kranzes steriler weiblicher Blüten dar. Unmittelbar darunter befindet sich der Blütenstandsabschnitt mit dicht gedrängten männlichen Blüten, dem ein weiterer Kranz steriler weiblicher Blüten mit kräftigen Reusenhaaren folgt. An der Kesselbasis liegen schließlich die Gruppen weiblicher Blüten, die nur aus einem angeschwollenen Fruchtknoten bestehen (Abb. 3.16).

Die weiblichen Blüten reifen als Erste heran – sie sind also protogyn. An ihrer Narbenspitze sondern sie einen klebrigen Tropfen ab, der den von den „hereingefallenen" weiblichen Schmetterlingsmücken mitgebrachten Pollen übernimmt. Sobald die Narben der immer vorweiblichen Blüten mit dem mitgebrachten Pollen bestäubt sind, geht auch allmählich der Spadixheizofen aus. Die vorübergehend Inhaftierten sammeln sich dann gerne nahe beim Kesselausgang, wo es noch am längsten warm ist, und hier öffnen sich jetzt tatsächlich fast synchron die männlichen Blüten. Nachdem sich die vorübergehend Inhaftierten hier erneut mit hellgelbem Pollen beladen haben, welken die nunmehr entbehrlichen Reusenhaare, schlaffen folglich ab und geben nunmehr den Weg nach draußen frei. Spätestens nach etwa 24 h hat die Inhaftierung somit ein gutes Ende gefunden – bis zum Besuch der nächsten Kesselfalle, die wieder so ungemein einladend nach Fäkalien duftet.

Und noch etwas: Trotz des deutschen Artnamens sind die ausnahmsweise netznervigen Laubblätter eventuell einheitlich grün. Dann liegt ein Individuum der diploiden Form vor. Nur bei der mehr nördlich sowie im atlantischen Westeuropa verbreiteten tetraploiden Form treten die dunkelroten bis schwärzlichen Blattflecken auf.

Im Mittelmeergebiet gibt es mehrere weitere Aronstabarten, die nach dem gleichen Prinzip arbeiten. Rund um das Mittelmeer ist der zur gleichen Familie gehörende Krummstab (*Arisarum vulgare*) beheimatet, der mit seinem unangenehmen Aasgeruch allerdings überwiegend (weibliche) Aasfliegen zur Eiablage anlockt, deren Larven in der Natur üblicherweise den zwar unschönen, aber wichtigen Job der Kadaverbeseitigung erledigen. Weltweit gibt es zahlreiche weitere Arten der Familie Aronstabgewächse, die in dieser Branche erfolgreich aktiv sind.

4

Bestäubte und Bestäuber

Auch wenn sie nun noch so einfach, extravagant oder exotisch aussehen mögen, erfüllen Blüten ausnahmslos einen klar umrissenen biologischen Auftrag: Sie sind fest eingeplante Funktionsglieder für die Weitergabe ihres Erbguts per Frucht- bzw. Samenbildung an die nachfolgende Generation. Das Weiterreichen von Erbgut von der Eltern- auf die Nachkommengeneration bezeichnet man heute als vertikalen Gentransfer, denn die moderne Gentechnologie beschreitet auch andere Wege und verlagert erfolgreich Gene horizontal und sogar über Artgrenzen hinweg. Lange Zeit hielt man diese Wege für völlig widernatürlich, bis die moderne zellbiologische Forschung aufdeckte,

© Der/die Autor(en), exklusiv lizenziert an Springer-Verlag GmbH, DE, ein Teil von
Springer Nature 2025
B. P. Kremer, *Geheimnisvolles von Blumen und Blüten*,
https://doi.org/10.1007/978-3-662-70418-9_4

dass auch die Evolution ähnliche Routen gewählt hat, denn sonst wären aus stoffwechselspezialisierten Bakterien niemals Plastiden oder Mitochondrien entstanden.

Basiskonzept Fremdgehen

Für den ökosystemaren Erfolg einer Art ist nicht nur eine gesicherte Vermehrungsrate von Bedeutung, sondern auch die möglichst raumgreifende Ausbreitung über einen größeren Teil der Biosphäre. Für Tiere ist das gewöhnlich kein besonderes Problem, denn sie können schwimmen, laufen und sogar fliegen. Zumindest die höheren Landpflanzen sind dagegen in aller Regel ortsfest verwurzelte Lebewesen – sie sitzen sozusagen lebenslänglich.

Nun könnte man daraus folgern, dass für sie die Überwindung größerer Distanzen nicht unbedingt ein nennenswertes Problem darstellt. Immerhin liegen in einer vollständigen Blüte (vgl. Kap. 3) die Staubblätter und die Narbe des Fruchtknotens meist nur wenige Millimeter weit auseinander und da wären doch die Wege vom Staubblatt bis zum Zielorgan eigentlich denkbar kurz. Aber: Auch bei Landpflanzen gilt das in der Natur weit verbreitete und gewöhnlich strikt befolgte Inzestverbot. Würden bei der sexuellen Fortpflanzung durch Selbstbestäubung und -befruchtung (Autogamie) immer nur die Gene schlimmstenfalls der gleichen Blüte oder des gleichen Individuums zusammengeführt, kämen mit absoluter Sicherheit keine vorteilhaften Neukombinationen von geringfügig verschiedenen, weil mutierten Erbanlagen zustande. Das würde die biologische Fitness der Folgegeneration mit Sicherheit arg beeinträchtigen, und das wäre populationsgenetisch außerordentlich unvorteilhaft.

Also haben die höheren Pflanzen offenbar doch das Problem, die räumlichen Schranken der eigenen Blüten zuverlässig zu überwinden und ihre Gene über größere Strecken versenden zu lassen. Dazu hat die Natur raffinierte, oftmals geradezu an fast Unglaubliches grenzende Möglichkeiten entwickelt und optimiert, wie mit vertretbarem Aufwand ein möglichst bunter Genmix mit netten Neukombinationen hinzubekommen ist. Die im Zweifelsfall immer klar bevorzugte Fremdbestäubung/-befruchtung (Allogamie) setzt allerdings raumwirksame Ausbreitungsmechanismen voraus, mit der sich auch größere Distanzen überbrücken lassen. Dieses spezielle Erfordernis ist der Angel- und Kernpunkt fast aller Angepasstheiten in den Abläufen und Strukturen des Blütenbetriebs und wird folglich im Vordergrund unserer weiteren Betrachtungen stehen.

Jetzt wird es etwas staubig

Den (hoffentlich) weiten Weg von der Entstehungsstätte Pollensack im Staub-beutel (Staubblatt) einer Blüte A zur empfangsbereiten Narbe auf dem Griffel in einer entfernten Blüte B der gleichen Spezies nennt man Bestäubung oder Pollination, weil dabei der pulverfeine Blütenstaub (Pollen) übertragen wird. „Der" Pollen ist übrigens ein merkwürdiges Wort. Es wurde schon im 14. Jahr-hundert aus dem lateinischen *pollen* = feines Mehl, Pulver oder Staub (vgl. die italienische Polenta aus Maismehl) übernommen und existiert tatsächlich nur im Singular, obwohl es meist eine ganze Tüte voll Pulver meint. Möchte man ausdrücklich die Mehrzahl benennen, bleibt tatsächlich nur die Wortwahl „die Pollenkörner".

In der Natur stehen im Prinzip drei bewegte Medien mit effizienter Fern-wirkung zur Verfügung, die den Pollentransport übernehmen können. Es sind dies das gerichtet fließende Wasser und der richtungsorientierte Wind sowie laufende und/oder fliegende Tiere. Sind Wasser oder Wind die wirk-samen Pollenvektoren, liegt abiotische Bestäubung vor und man spricht bzw. von Hydrophilie oder Anemophilie (bzw. Hydrogamie und Anemogamie, Abb. 4.1). Übernehmen diverse Tiere die Pollenverfrachtung, erfolgt die Be-stäubung biotisch und die betreffenden Pflanzenarten sind zoophil. Gelegent-lich trifft man in diesem Zusammenhang auf die Bezeichnungen Zoophilie

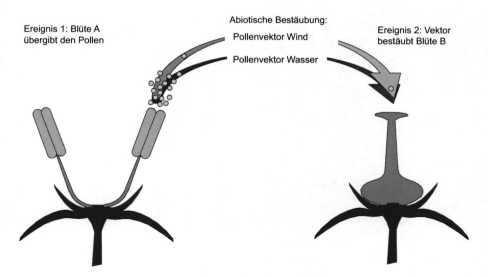

Abb. 4.1 Möglichkeiten der abiotischen Bestäubung durch die Pollenvektoren Wasser oder Wind

oder Zoidiogamie, jedoch sind diese Begriffe etwas missdeutend, weil die beteiligten Tiere als Pollenspediteure lediglich die Bestäubung übernehmen und somit nur um mehrere Ecken an der Befruchtung (-gamie) beteiligt sind.

Unglaubliche Wasserspiele

Wasser hat als Medium für die räumliche Verteilung von Fortpflanzungsstadien eine lange Tradition. Sämtliche Verwandtschaftsgruppen der Algen nutzen es, ferner die nicht wenigen aquatisch verbreiteten Pilze sowie die in oder am Wasser wachsenden Moose und Farne. Auch unter den Bedecktsamern – ausschließlich im Wasser verbreitete Vertreter der Nacktsamer gibt es unter den heute lebenden Arten nicht – nutzen etliche, aber nicht allzu viele Arten die Wasserroute der Pollenverteilung. Nur etwa 5 % aller Blütenpflanzen mit abiotischer Bestäubung sind hydrophil (hydrogam). An den Meeresküsten sind es die *Zostera*-Arten, welche die ausgedehnten Seegraswiesen an der Niedrigwasserlinie bilden, aber auch die etwas seltsam aussehenden Arten Queller (*Salicornia europaea*, Abb. 4.2) sowie seine Verwandte, die Strand-Sode (*Suaeda maritima*), die den ersten Gefäßpflanzengürtel in der unteren Gezeitenzone aufbauen. Ihr Pollen wird über die rhythmisch über ihre Stand-

Abb. 4.2 Man erkennt es selbst beim genauen Hinschauen aus der Nähe nicht, aber der seltsam aussehende Queller (*Salicornia europaea*) steht tatsächlich in Vollblüte: Die Pollenmassen seiner völlig unscheinbaren, weil nur sehr kleinen Blüten verfrachten die Gezeitenströme

orte hinweggehenden Gezeitenströme verbreitet. Aus Brackwasserstandorten wären als Beispiele die Salden (*Ruppia* spp.) zu benennen, aus den Binnengewässern die Hornkräuter (*Ceratophyllum* spp.). Die Blüten dieser hydrophilen Arten sind extrem einfach aufgebaut, besitzen eine stark reduzierte Blütenhülle und bestehen praktisch nur aus Antheren und Fruchtknoten, oft auf getrennten Individuen. Wir können diese Sonderformen hier getrost übergehen, zumal man kaum einmal Gelegenheit hat, sie wirklich genauer in den Blick zu nehmen, denn viele der in Binnengewässern beheimateten Wasserpflanzen blühen nicht einmal besonders bereitwillig, sondern setzen eher auf eine effektive vegetative Vermehrung.

Nur ein erwähnenswertes Szenario greifen wir heraus, weil es wirklich schon fast kurios ist und ans Wunderbare grenzt: Es betrifft die Wasserbestäubung mancher Vertreter der Familie Froschbissgewächse (Hydrocharitaceae). Sie führen eindrucksvoll vor, wie die abiotische Bestäubung mit dem Vektor Wasser auch an der Gewässeroberfläche, an der Phasengrenze Wasser-Luft, stattfinden kann. Eingehend untersucht ist beispielsweise die Amerikanische Wasserpest (*Elodea nuttallii*), die stellenweise auch in Mitteleuropa eingebürgert ist. Die männlichen Blüten lösen sich unter Wasser ab, steigen zur Oberfläche auf, entfalten sich und öffnen ihre sechs bis neun kleinen Antheren (Abb. 4.3), woraufhin die Pollenkörner im Viererpack (Tetraden) herausfallen und auf der Wasseroberfläche umherdriften. Die weiblichen

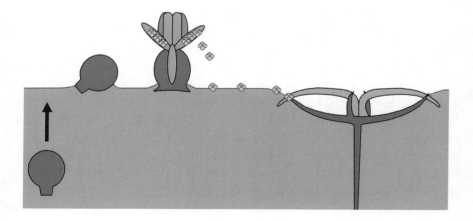

Abb. 4.3 Wasserbestäubung bei der Amerikanischen Wasserpest (*Elodea nuttallii*): Die männlichen Blüten lösen sich unter Wasser ab und steigen zur Oberfläche auf (links). Hier öffnen sie sich und streuen ihren Pollen in Viererpäckchen (Tetraden) auf die Wasseroberfläche. Verdriftete Tetraden landen im günstigsten Fall fast unvermeidlich auf der Narbe einer in einer Wasserdelle wartenden weiblichen Blüte (rechts)

Blüten entfalten sich ebenfalls an der Oberfläche und lassen ihre Narbenspitzen in das Wasser eintauchen. Weil ihre Kelchblätter unbenetzbar sind, liegen sie in einer kleinen Oberflächendelle. Kommen die strömungsverdrifteten Pollentetraden in ihre Nähe, geraten sie buchstäblich auf die schiefe Bahn und landen zielgenau auf den Narben. Ähnlich raffiniert läuft auch die Wasserbestäubung bei der eingeschleppten Scheinwasserpest (*Lagarosiphon major*) sowie bei der Wasserschraube (*Vallisneria spiralis*) ab.

Die Wasserverbreitung des Pollens arbeitet ebenso wie die windvermittelte Luftroute überhaupt nicht zielgenau und funktioniert nur deswegen einigermaßen zuverlässig, weil eine große Anzahl Pollenkörner auf die Reise geschickt wird. Daher verwundert es eher nicht, wenn viele in Fließ- und Stillgewässern verbreitete Pflanzen ihre Blüten als Signalgeber für die wesentlich zielsicherer arbeitenden tierischen Bestäuber auffällig herausputzen und sie an der Wasseroberfläche positionieren wie etwa der Flutende Hahnenfuß (*Ranunculus fluitans*) oder die Weiße Seerose (*Nymphaea alba*, vgl. Abb. 2.16 und Abb. 3.10). Die mit ihnen verwandte Gelbe Teichrose (*Nuphar lutea*) hebt ihre Blüten sogar deutlich über die Wasseroberfläche hinaus.

Erbgut als Massenwurfsendung

Bei den windblütigen Arten stellt sich die Bestäubungstechnik schon wesentlich anders dar. Die heimische Flora hält davon eine reiche Auswahl bereit: Alle Nadelhölzer (Nacktsamer) aus Wäldern, Forsten, Parks und Gärten sind grundsätzlich anemophil (anemogam). Bei den Bedecktsamern sind es vor allem viele Vertreter der Strauch- und Baumgehölze, besonders solche mit waldbildenden Gattungen (Birke, Buche, Eiche, Erle oder Hainbuche), und ferner alle Süßgräser (Poaceae), Binsengewächse (Juncaceae) und Riedgräser (Cyperaceae). Sie alle schlagen ihren Pollen buchstäblich einfach in den Wind. Das mag hinsichtlich der Trefferquoten ein wenig an die Aussendung von Flaschenpost erinnern, aber die Sache funktioniert dennoch zuverlässig und mit erstaunlichem Erfolg, weil die Natur auch hierfür bewundernswerte Optimierungsmöglichkeiten gefunden hat, denn der Pollenversand setzt hierbei das Prinzip der genügend großen Zahl ein (Abb. 4.4).

Bevor jedoch das Syndrom Windblütigkeit etwas näher in die Blickachse rückt, schauen wir uns die pollenproduzierenden Einrichtungen und die Pollenkörner selbst etwas genauer an.

Abb. 4.4 Wenn man bei einem blühenden Haselstrauch (*Corylus avellana*) vorsichtig auf den Busch klopft, stieben die Pollenkörner wolkenweise davon

Mancherlei Muster und Modelle

Blütenschemata in Grund- oder Aufrissen stellen die Staubblätter (Stamina) als vergleichsweise einfache Gebilde mit aufrechtem Stielchen und länglichen, an dessen oberem Ende angebrachten Staubbeuteln (Antheren) dar (vgl. Abb. 2.6). Es ist gleichermaßen reizvoll wie unbedingt empfehlenswert, in verschiedenen Blüten mithilfe einer manierlichen Lupe einmal nach den vielen Baumustern und Modellserien zu fahnden, wie denn die Staubblätter bei verschiedenen Gattungen nun ganz genau aussehen. Selbst die Filamente bieten in dieser Hinsicht mancherlei Überraschungen, denn es gibt weiße und gefärbte, an der Basis stark verbreiterte, solche mit ovalem Querschnitt oder gertenschlanke, lattengerade oder leicht bis kräftig verbogene und alle auch noch in unterschiedlichen Längen. Sie sitzen auf der Innen- oder Außenseite und manchmal auch genau in der Mitte (Abb. 4.5). Die Antheren zeigen jede nur denkbare Form zwischen superschlank und eher stark untersetzt – so wie im richtigen Leben. Sie können stocksteif am oberen Stielchenende fixiert sein wie eine Straßenlaterne oder locker schaukeln wie einst der berüchtigte Gessner-Hut auf der Stange irgendwo am Vierwaldstätter See. Bei manchen

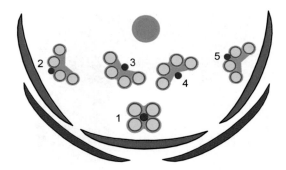

Abb. 4.5 Antherenarchitektur im Detail – Möglichkeiten der Anheftung am Staub-blattstiel: 1 basifix, 2 und 4 dorsifix, 3 und 5 ventrifix. Die entsprechenden Öffnungs-richtungen sind 1 seitlich (latrors), 2 und 4 nach außen (extrors), 4 und 5 nach innen (intrors)

a   b

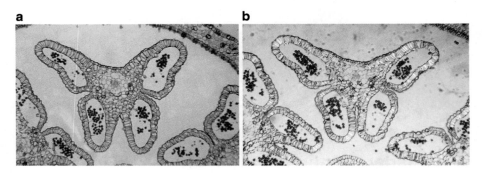

Abb. 4.6 (a) Anthere der Wiesen-Primel (*Primula veris*) im mikroskopischen Quer-schnittbild: Die vier und paarweise ungleich großen Staubbeutel (Theken) bilden eine schmetterlingsförmige Figur. Die vorgesehene Öffnungszone befindet sich jeweils an der Außenflanke. (b) Die mikroskopische Aufnahme des gleichen Antherenquer-schnitts im polarisierten Licht zeigt die hell leuchtenden, spangenförmigen Ver-stärkungen der Pollensackwand, die letztlich durch Aufreißen die Staubbeutelöffnung bewerkstelligen

Antheren sind alle vier Pollensäcke gleichgroß, bei anderen sind sie paarweise größenverschieden und ergeben dann im Querschnitt eine typische Schmetter-lingsfigur (Abb. 4.6). Zudem können die inneren und äußeren Pollensäcke paarweise zusammen- bzw. auseinanderrücken. Schließlich gibt es auch Sonderformen, bei denen sich nur eine der beiden Theken entwickelt – wie etwa beim Rosmarin (*Rosmarinus officinalis*) und beim Wiesen-Salbei (*Salvia pratensis*). Bei den Kleearten (*Trifolium* spp.) findet man eine Rückbildung der zur Blütenmitte hin orientierten Pollensäcke, bei den Veilchen (*Viola* spp.) mitunter eine solche auf der Gegenseite. Schließlich können auch alle

Theken bzw. Pollensäcke miteinander verschmelzen und nur noch eine ungegliederte Pollenkammer hergeben wie bei den Braunwurzarten (*Scrophularia* spp.) und den Königskerzen (*Verbascum* spp.). Es versteht sich, dass die Fachleute der Blütenmorphologie für alle diese Sonderentwicklungen spezielle und nicht unbedingt besonders handliche Fachausdrücke entwickelt haben, auf die wir hier gerne verzichten können.

Vorgeformte Sollbruchstelle

Ein keineswegs banales Problem betrifft nun die Frage, wie denn die reifen Pollenkörner ihre Entstehungsstätte Pollensack überhaupt verlassen können. Irgendwie muss sich dazu die Wand der Anthere zum richtigen Zeitpunkt in geeigneter Weise zuverlässig öffnen. Den Schlüssel zum Verständnis bietet der Schichten- bzw. Zellwandaufbau der Pollensäcke, den man sich am besten in einem Mikroskop anschaut. Außen beginnt die Folge mit einer vergleichsweise dünnwandigen Zellschicht oder Epidermis, bei den Antheren auch als Exothecium bezeichnet. Weiter nach innen folgt das Endothecium, dessen Zellen deutlich größer sind und während der Antherenreifung eine folgenreiche Ausgestaltung erfahren: Innerhalb der radialen Zellwände bilden sich beim Heranwachsen nämlich spezielle faserartige Verdickungsleisten oder Spangen, die jeweils am Zellboden zusammenlaufen und sich nach außen ein wenig verjüngen (Abb. 4.6). Man kann sich das gesamte Arrangement wie eine Hand vorstellen, die mit den gespreizten Fingern einen Apfel umfasst. Eine solche unter der Epidermis angelegte Faserschicht ist für die Bedecktsamer typisch; bei allen Nacktsamern findet sich eine vergleichbare Faseraussteifung der Zellwand stattdessen nur weiter außen in der Epidermis. Die zur ergänzenden Festigung eingelagerten Wandbaustoffe sind doppelbrechend (anisotrop) und leuchten daher bei mikroskopischer Beobachtung im polarisierten Licht hell auf (Abb. 4.6b).

Das mikroskopische Bild gibt weiteren Aufschluss. In den Kontaktbereichen am Konnektiv sind die Faserzellen zwei- bis dreilagig ausgebildet. Bezeichnenderweise ist ihr im polarisierten Licht hell aufleuchtendes Band jedoch nicht komplett geschlossen. Wo die Außenwände der Pollensäcke außen an der Anthere zwischen sich eine tief gefurchte Längsrinne bilden, fehlt bei ein paar Zellen die charakteristische Faserverstärkung. Es ist der als Stomium bezeichnete Bereich der Öffnungszone, an dem sich die Pollensäcke durch Aufreißen öffnen und ihre Pollenfracht freisetzen: Exakt hier trennt sich die Pollensackwand wie mit einem Reißverschluss gegebenenfalls auf dem gesamten Längsverlauf der Anthere vom Konnektiv (Abb. 4.7).

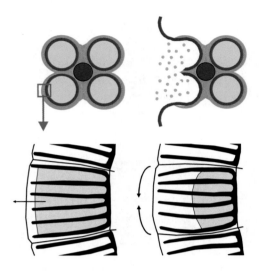

Abb. 4.7 Die Staubbeutel öffnen sich durch Kohäsionszug im Endothecium nach Wasserabgabe bzw. Trocknung sowie durch Aufreißen einer vorgefertigten Zellnaht

Zwei Ereignisse leiten den Öffnungsvorgang erfolgssicher ein: Einerseits lösen sich die ohnehin dünnen Zellwände der Kontaktzellen zwischen Endothecium und Konnektiv als Sollbruchstelle spontan auf. Zum anderen geben die faserverstärkten Endotheciumzellen während der Blütenentfaltung in kurzer Zeit durch Verdunstung einen großen Teil ihrer Wasserfüllung ab. Dadurch entsteht in der gesamten Faserschicht ein starker Kohäsionszug – die einzelnen Zellen krümmen sich wegen ihrer ungleichförmig spangenartigen Wandverdickungen auf der Außenseite stärker als innen. Schließlich kann das Stomium den wachsenden Zugkräften nicht mehr widerstehen. Der Pollensack reißt auf und seine gesamte vielteilige Pollenfüllung sitzt sozusagen schlagartig im Freien (Abb. 4.7).

Dieser Öffnungsmechanismus gilt zwar prinzipiell für alle Pollensäcke, doch öffnen sich diese bei vielen Pflanzengattungen gar nicht auf der kompletten Längsseite, sondern nur im Bereich besonderer Querspalten oder mit Klappen bzw. Poren. In diesen Fällen beschränkt sich auch die Ausbildung des faserverstärkten Endotheciums auf die tatsächlich abgelösten Teilbereiche der Antherenwand. Klappig geöffnete Antheren finden sich bei vielen Vertretern der Lorbeergewächse (Lauraceae), Zaubernussgewächse (Hamamelidaceae) und Berberitzengewächse (Berberidaceae). Löchrige Porenöffnungen am Antherenende sind typisch für die Heidekrautgewächse (Ericaceae) – ihre Staubbeutel arbeiten also nach dem Prinzip eines Pfefferstreuers. Im Lupenbild kann man sie bei Azaleen und Rhododendren besonders eindrucksvoll erkennen.

Wirklich kleine Wunderwerke

Der in Bologna wirkende italienische Arzt Marcello Malpighi (1628–1694) und sein englischer Kollege Nehemiah Grew (1628–1711) waren nach der Erfindung des zusammengesetzten Mikroskops offenbar die Ersten, die den Blüten auch einige Geheimnisse aus der sehr kleinen Dimension entlockten und um 1675 unter anderem den Pollen entdeckten. Schon bald hatte man auch eine erste Vorstellung vom ungewöhnlichen Formenreichtum der Pollenkörner. Bereits im frühen 19. Jahrhundert war es eine gesicherte Erkenntnis, dass man die Form der Pollenkörner als kennzeichnendes Merkmal bei der Pflanzenbeschreibung verwenden kann. Jede Blütenpflanze bildet ihren eigenen und unverwechselbaren Pollen mit einer jeweils kennzeichnenden Kombination arttypischer Merkmale. Pollen hat demnach Fingerabdruckqualität, aber auch Kompassnadelcharakter: Unbekannte Pollenkörner lassen sich nach gestaltlichen Merkmalen ziemlich zuverlässig einer bestimmten Verwandtschaftsgruppe zuordnen. Mit diesem Gegenstand befasste sich übrigens schon die 1888 der Universität Freiburg eingereichte Dissertation von August Oetker, der sich später eher der Küchenchemie zuwandte. Für einen ersten Überblick zur Gestaltungsvielfalt von Pollen reichen die Mittel der Lichtmikroskopie gewiss aus (Abb. 4.8a-d). Ungleich eindrucksvoller sind jedoch die Bilder, welche die moderne Darstellungstechnik per Rasterelektronenmikroskop (REM) liefern kann.

Bei verschiedenen Pflanzenarten unterscheiden sich die Pollenkörner in Größe und Gestalt erheblich. Es gibt kugelige oder auch ellipsoide Typen, bei denen das Verhältnis der Polachsenlänge zum Äquatordurchmesser zwischen 0,5 und 2,0 variieren kann. Manche Pollenkörner sind auch kantig, eckig oder gänzlich unregelmäßig gestaltet. Ihre Größe bewegt sich im Allgemeinen zwischen 20 und 50 μm Durchmesser. Am unteren Ende der Größenskala bewegen sich die Vergissmeinnichtarten mit nur 5 μm Pollenkorndurchmesser, am oberen die Kürbisblüten (*Cucurbita pepo*) mit rund 200 μm. Die beiden benannten Extreme verhalten sich also in ihren Abmessungen ungefähr wie eine Milchtüte zur Litfaßsäule. Bei etwa 35 % aller europäischen Pflanzenarten sind die Pollenkörner recht genau um 25 μm groß. Nur bei je etwa 5 % der einheimischen Arten weichen sie deutlich nach oben oder unten ab. Die genaue Pollenkornabmessung ist allerdings keine absolut festgelegte artspezifische Größe, sondern kann in Abhängigkeit von verschiedenen Entwicklungsfaktoren auch jahreszeitlich schwanken.

Die zur Befruchtung bestimmten Gameten(zell)kerne des reifen Pollenkorns verlassen ihre bemerkenswert ornamental gestylte Verpackung mithilfe

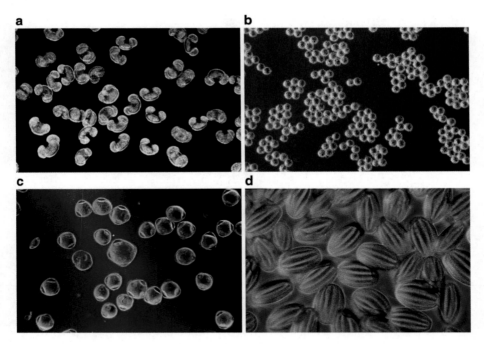

Abb. 4.8 Beispiele für den bereits im Lichtmikroskop erkennbaren ungeheuren Gestaltungsreichtum von Pollenkörnern. Die Aufnahmen entstanden großenteils mithilfe von Rheinbergbeleuchtung: **a** Kiefer (*Pinus*), klar erkennbar sind die für diesen Verwandtschaftskreis typischen Luftsäcke. **b** Sonnenblume (*Helianthus*). **c** Glockenblume (*Campanula*). **d** Wiesen-Salbei (*Salvia pratensis*)

des Pollenschlauchs. Dazu müssen sie aber aus dem Pollenkorn überhaupt erst einmal herauskommen. In der relativ stabilen und starren Wand des reifen Pollens sind dazu sinnvollerweise besondere Öffnungen (Aperturen) vorbereitet, von wo das Pollenschlauchwachstum buchstäblich seinen Ausgang nehmen kann. Gewöhnlich kann man die Aperturen auf die Form einer Keimpore (Lukentyp, porat) oder einer länglichen Keimfurche (Schlitztyp, colpat) zurückführen. In manchen Fällen sind beide Öffnungstypen jedoch miteinander kombiniert: Colporate Pollen öffnen sich mit Schlitzen, die in der Mitte zur runden Luke erweitert sind. Die Aperturen können am fertigen Pollenkorn verschieden angebracht sein und etwa nur an den Zellpolen oder innerhalb bestimmter Zonen auftreten. Keimporen unterschiedlicher Form und Anzahl können miteinander verschmelzen und dann besonders komplizierte Aperturmuster ergeben. Es gibt auch Pollenkörner, bei denen sich eine einzelne Keimfurche spiralig gewunden über die gesamte Zelloberfläche zieht. Für die Unterscheidung der verschiedenen Pollentypen bilden gerade die

Aperturen ein wichtiges Merkmalsfeld. Auf den Pollenkornaperturen gründet sich übrigens auch ein Teil der modernen systematischen Gliederung der Bedecktsamer. Die Zweikeimblättrigen verteilt man heute auf zwei verschiedene Klassen: Die „Alt-Zweikeimblättrigen" (Magnoliopsida) weisen überwiegend Einfurchenpollenkörner oder davon abgeleitete Typen auf, die Neu-Zweikeimblättrigen (Rosopsida) dagegen Dreifurchenpollenkörner oder davon ableitbare Formen. Zur Frage der Pollenkornbezeichnung und ihrer Mustertypologie existiert eine reiche Spezialliteratur, weil die Pollenanalyse und Pollenkornbestimmung wichtige Fragen der angewandten Botanik berührt – bis hin zur Kriminalbiologie.

Den Formen- und Gestaltungsreichtum der Pollenkörner bestimmen nicht nur ihre Dimensionierung, ihre Zellform oder ihre Aperturen. Einen ungleich wirksameren Anteil steuert die seltsame Ornamentik der Pollenkornwand (Sporoderm) bei. Ihre Strukturierung und Oberflächengestalt kommen in voller Schönheit eigentlich nur in rasterelektronenmikroskopischen Aufnahmen mit ihrer hochauflösenden Wiedergabe auch der kleinsten Details zur Geltung (Abb. 4.9, 4.10 und 4.11). Diese von uns so empfundene formale Ästhetik, die sich durch Gestaltungsmittel auf verschiedenen Ebenen der Zelle einstellt, gibt in mancherlei Beziehung immer noch Rätsel auf. Niemand weiß anzugeben, warum die Blütenpflanzen gerade in diesem Bereich so viele besondere Formbildungsprozesse in Gang setzen und über die funktionale Ausstattung der Pollenkörner hinaus äußerst komplizierte Dekors und

Abb. 4.9 Die Vielfalt der Pollenkörner erscheint fast unbegrenzt: Links sind zum Vergleich vier Farnsporangien zu sehen, die dreieckigen Gebilde rechts sind Pollenkörner eines Weidenröschens (*Epilobium angustifolium*)

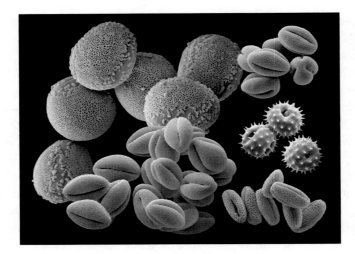

Abb. 4.10 So verschieden wie unsere Frühlingsblumen sind auch ihre Pollen. Hier sind (beginnend links oben – im Uhrzeigersinn) die Pollenkörner von Schwertlilie (*Iris*), Sumpfdotterblume (*Caltha palustris*), Huflattich (*Tussilago farfara*), Weide (*Salix*) und Busch-Windröschen (*Anemone nemorosa*) zu sehen. Die Pollenkörner von *Iris* messen etwa 70 μm im Durchmesser

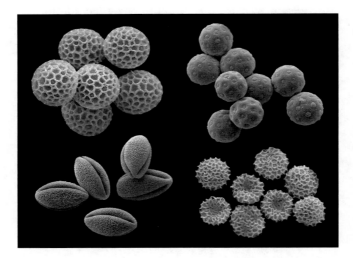

Abb. 4.11 Schier unübersehbar ist auch die Vielfalt unserer Sommerblüher. Links oben: *Phlox* (Durchmesser etwa 40 μm). Rechts oben: Pechnelke (*Viscaria vulgaris*) mit zahlreichen Keimöffnungen (Keimporen), durch die der Pollenschlauch auswachsen kann. Links unten: Enzian (*Gentiana*) mit ausgeprägten Keimfurchen. Rechts unten: *Bougainvillea*

Muster entwickeln. Für die Bestäubungsbiologie der Blüten sind die Oberflächenformen offenbar ohne Belang, denn die Erkennungssignale zwischen Narben und den damit verträglichen, arteigenen Pollen sind biochemischer Natur und auf keinen Fall in den mikroskopisch darstellbaren Oberflächenstrukturen niedergelegt. Auch für die tierischen Bestäuber scheinen die Oberflächenmuster keine tragende Rolle zu spielen, denn sie sind viel zu klein und zu differenziert, um selbst von besuchenden Insekten aus der Nächstperspektive irgendwie wahrgenommen zu werden. Es gibt in der Natur keine Augen, welche die wundervollen Pollenkornmuster ohne technische Hilfe wahrnehmen.

Vom Winde verweht

Ein einigermaßen geübter Pflanzenfreak wird einer bestimmten Blüte sofort ansehen, ob sie vom Wind oder von Tieren bestäubt wird, denn die Windblütigen zeichnen sich durch eine Anzahl gemeinsamer Merkmale aus, die man geradezu als Anemophiliesyndrom beschreiben kann. Windbestäubte Blüten gelten als unauffällig und unscheinbar (Abb. 4.12). Das wird man

Abb. 4.12 Männliche Blütenstände der Zitter-Pappel (*Populus tremula*) – strukturell relativ einfach, aber funktionell hochgradig effektiv

Abb. 4.13 Weibliche Blüte eines Haselstrauchs (*Corylus avellana*): Die aus der weitgehend geschlossenen Blüte vorgestreckten, karminroten Narben können eine gewisse Formalästhetik nicht verleugnen

eventuell nur schwer nachvollziehen können, denn gerade bei Betrachtung aus der vergrößernden Nahperspektive einer Makroaufnahme geht auch von angeblich unattraktiven Blüten zweifellos ein besonderer Reiz aus. Schauen Sie daraufhin doch einmal den ganz jungen weiblichen Blütenstand einer Berg-Kiefer (*Pinus mugo*), die weiblichen Blütenstände einer Hasel (*Corylus avellana*) mit ihren hübschen karminroten Narben (Abb. 4.13) oder selbst einen voll aufgeblühten Wiesen-Glatthafer (*Arrhenatherum elatius*) an – auch diese Klassiker unter den Windblütigen haben eine Menge ästhetischer Bildeindrücke zu bieten. Zugegeben: Ihre Blüten(stände) sind insgesamt relativ einfach aufgebaut. Es fehlen die üppig aufgemachte Blütenhülle, die immer als Erstes in den Blick fällt, aber auch der Duft und der Nektar. Die Staubblätter sind meist an besonders dünnen Stielchen aufgehängt, die im Wind wunderbar baumeln.

Da ihre Pollenkörner enorm leicht und wegen des fehlenden Pollenkitts auf ihrer Oberfläche wirklich staubtrocken sind, werden sie tatsächlich von jedem Windstoß erfasst und stieben wolkenweise davon (vgl. Abb. 4.4). Bei den Windblütigen ist der Pollenversand eben eine Massenveranstaltung. Eine einzige ausgewachsene Fichte (*Picea abies*) oder eine Wald-Kiefer (*Pinus sylvestris*) setzt jährlich während ihrer Blütezeit im April/Mai etwa 50 Mrd. Pollenkörner an die Luft. Würde man die gesamte Pollenproduktion nur der mitteleuropäischen Nadelbäume gleichmäßig auf die Fläche Mitteleuropas verteilen, so kämen immerhin etwa 200 Mio. Pollenkörner auf jeden Quadratmeter. Einen Eindruck von diesem reichhaltigen Pollenflugverkehr vermitteln

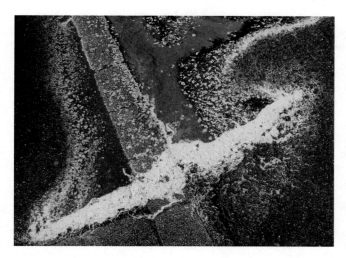

Abb. 4.14 Von einem Regenguss in Gehwegrändern und -ritzen zusammen-geschwemmte Koniferenpollenkörner hinterlassen deutliche Spuren

Fensterbänke, Autokarossen oder Gehwege, auf die nach einigen trocken-warmen Frühjahrstagen ein Platzregen niederging: Er schwemmt die un-glaublichen Pollenmassen in großen Schlieren und Pfützen zusammen (Abb. 4.14). Einfache Gemüter, die von den Zusammenhängen nichts wuss-ten, sprachen früher von Schwefelregen – weil Pollenkörner hell- bis kräftig gelb gefärbt sind. Pollen der windblütigen Arten ist und war daher so gut wie allgegenwärtig.

Für die Archäologen ist das ein besonderer Glücksfall. Sie können anhand der Pollendepots in den Tiefen von Seeböden oder von Torfmooren die Vege-tation früherer Jahrtausende rekonstruieren und Kulturgutfunde in ent-sprechenden Schichten damit recht genau datieren. Für Allergiker ist die Luftroute der Anemophilenpollen eher ein Happening, denn die im Prinzip völlig harmlosen Pollenkörner mancher Arten lösen nach Schleimhautkontakt in Augen und Atemwegen recht unangenehme Symptome aus, weil der Kör-per sie als gefährliche Eindringlinge missdeutet. Die dabei ablaufenden Re-aktionen sind biochemisch gesehen ein ungemein spannendes Kapitel inter-aktiver Zellbiologie, dessen Details wir hier allerdings ausblenden müssen. Zum Trost für die Pollenallergiker: Es gibt heute wunderbar wirksame An-tihistaminika, welche die fatal-folgenreiche Mastzelldegranulation mit ihrer Histaminfreisetzung in den betroffenen Schleimhautzellen wirksam unterbinden.

Tab. 4.1 Pollenproduktion (gerundet) bei verschiedenen Arten. Zahlen aus Kugler (1970)

Spezies	Je Staubblatt	Je Blüte	Je Blütenstand	Je Individuum
Sauerampfer	30.000	181.000	393.000.000	393.000.000
Rosskastanie	26.000	180.000	42.000.000	–
Roggen	19.000	57.000	43.000.000	–
Esche	12.000	25.000	1.600.000	–
Hänge-Birke	10.000	20.000	5.400.000	–
Spitz-Wegerich	7700	31.000	2.000.000	–
Wiesenknopf	7300	169.000	2.500.000	63.000.000
Glatthafer	6200	18.600	3.700.000	75.000.000
Stiel-Eiche	5000	41.000	554.000	–
Mais	3000	10.000	18.500.000	18.500.000
Besenheide	2000	17.000	–	–
Spitz-Ahorn	1000	8000	238.000	–
Wiesenknöterich	700	5700	2.900.000	2.900.000
Klatsch-Mohn	–	2.636.000		298.000.000

Aber: Nicht alle windverbreiteten Pollen sind allergen (die meisten glücklicherweise gar nicht) und selbst innerhalb der Süßgräser sind die meisten Arten allergologisch unauffällig.

Insgesamt überrascht sicherlich die gewaltige Pollenkornanzahl je Staubblatt und noch mehr die beträchtliche Gesamtheit der von jeder Pflanze ausgesendeten bzw. angebotenen Einheiten (Tab. 4.1). So verwundert es nicht, wenn man etwa zur Blütezeit von Fichte oder Birke den Pollenniederschlag mengenweise von allen möglichen Oberflächen abwischen kann.

Pollen liefern der Forschung wertvolle Archive

Pollen landet nicht nur biologisch-planmäßig zur Bestäubung auf einer anderen Blüte der gleichen (oder unnützerweise einer anderen) Art, sondern gerät als ausgesandtes Massenwurfgut eher unplanmäßig auch woanders hin, vor allem auf die als Pollenfallen besonders bedeutsamen See- und Mooroberflächen. Der auf einer solchen Fläche jährlich erfolgende massive Pollenniederschlag spiegelt dann also in gewissen Grenzen die jeweils relativen Mengenanteile der im weiteren oder näheren Umfeld eines solchen Depotorts vorhandenen windblütigen Arten wider. Diese Pollendepots können dann später schichtweise mit vielen Aussagemöglichkeiten analysiert werden.

Der darauf gegründeten Pollenanalyse kommt vor allem für die historische Vegetationskunde ein weiterer glücklicher Umstand entgegen: Pollenkörner sind mikrobiell praktisch unzerstörbar: Die überraschend hübsch und variantenreich strukturierte Pollenkornwand besteht nämlich aus dem überaus bemerkenswerten polymeren Naturstoff Sporopollenin und der ist im Gegensatz zu anderen Pflanzenbestandteilen gegen alle möglichen mikrobiellen Zerstörungsattacken (fast) völlig resistent. Ein Pollenkorn bleibt somit trotz seiner enormen Kleinheit geradezu unverwüstlich und überdauert daher unter günsti-

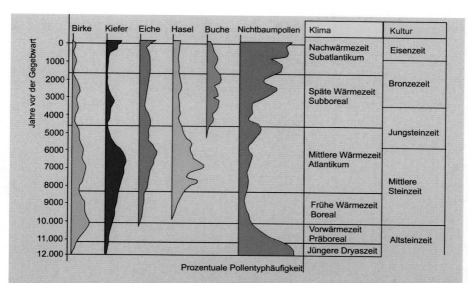

Abb. 4.15 Vereinfachtes Pollendiagramm für ein nordwestdeutsches Torfprofil: Aus den schichtweise unterschiedlichen Pollenspektren ist über die letzten Jahrtausende hinweg die Vegetationsgeschichte erstaunlich detailreich zu rekonstruieren

gen Umständen eventuell sogar geologische Zeiträume von mindestens mehreren Jahrzehntausenden. Der jeweilige Mengenanteil in natürlichen Pollenfallen wie Mooren oder im Boden von längerfristig bestehenden Stillgewässern dokumentiert somit strikt epochenabhängig und jahreszeitengenau die wechselnde Pollenanlieferung über die Luftroute und bewahrt damit lagenweise detailliert Vegetationsgeschichte, die man gegebenenfalls erst viel später nachlesen kann (Abb. 4.15). So ist jede Sedimentfolge mit ihrem organogenen Inhalt (Moorprofile, Seeböden) letztlich ein äußerst wertvolles Pollenarchiv und liefert eine aufschlussreiche Zeitleiste, die man mit geeigneter Methodik nur zu entschlüsseln braucht.

Segelflug mit Tauchmanöver

Die Landpflanzen haben sich zwar vom Wasser weitgehend, aber nicht vollends emanzipieren können. Bei den Nacktsamern findet sich im Bestäubungsablauf noch eine kleine, aber bemerkenswerte Erinnerung an die Übertragungswege im Wasser: Bei der Gattung Kiefer (*Pinus* spp.) landen die durch die Luft herangewehten Pollenkörner zwischen den Samenschuppen der künftigen Zapfen und werden am Eingang der seitlich herabgebogenen

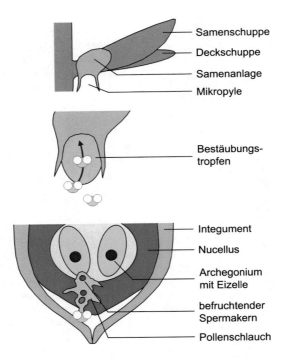

Samenschuppe
Deckschuppe
Samenanlage
Mikropyle

Bestäubungs-
tropfen

Integument
Nucellus
Archegonium
mit Eizelle
befruchtender
Spermakern
Pollenschlauch

Abb. 4.16 Bestäubung und Befruchtung bei den Nacktsamern am Beispiel der Gattung Kiefer (*Pinus* sp.): Lage der Samenanlage auf der Samenschuppe (oben). Das Minigewässer Bestäubungstropfen lässt das eingefangene Pollenkorn aufschwimmen (Mitte). Der ungewöhnlich gestaltete Pollenschlauch überträgt dann nur einen seiner beiden Spermakerne (unten)

Samenanlagen von einem Miniaturgewässer (Bestäubungstropfen) festgehalten. Die beiden großen Luftkammern der Kiefernpollen, die bei der Luftfahrt als Segelohren hilfreich waren (vgl. Abb. 4.8), sind auch jetzt recht praktisch: Sie geben dem gelandeten Pollenkorn im Bestäubungstropfen nach dem Bojenprinzip Auftrieb und führen es direkt nach oben zum Nucellus mit seinen beiden Archegonien (Abb. 4.16). Der keimende Pollenschlauch verkeilt das Pollenkorn in Integument und Nucellus (vgl. Abb. 2.13) und seine Spitze entlässt später (oft erst nach einem Jahr!) nur einen der beiden Spermakerne. Die Eizelle im benachbarten Archegonium muss demnach von einem anderen Pollenschlauch versorgt werden. Das seltsame Bojenprinzip auf der Zielgeraden wurde schon 1935 entdeckt, blieb aber bis heute in sämtlichen etablierten Lehrbüchern der Botanik nahezu unberücksichtigt. Man kann es mit einigem präparatorischen Geschick an der in Gärten gerne gepflanzten Berg-Kiefer (*Pinus mugo*) überprüfen, deren Zapfen in erfreulich günstiger Reichweite sitzen.

Auch das ist eigenartig: Die Pollenkörner der Windblütigen sind überwiegend hell- bis kräftig gelb, weil sie größere Mengen gelblicher Carotinoide enthalten. Wäre diese Färbung nur eine dekorative Ausstattung, könnte die Natur auch darauf verzichten, weil nettes Aussehen für die vorgesehenen Ausbreitungsrouten eher unerheblich ist. Windverbreitete Pollenkörner reisen jedoch mitunter ziemlich hoch – und landen mengenweise auch auf den hochalpinen Firnfeldern. Weiter oben in der Troposphäre ist der UV-Anteil des Sonnenlichts jedoch ungleich höher als im Tiefland. Weil Pollenkörner das männliche Erbgut transportieren und dieses durch UV-Strahlung geschädigt werden könnte, schützt die Natur sie mit einem wirksamen UV-Filter – eben durch Carotinoide wie in einer Hautcreme mit Lichtschutzfaktor 20.

Die Pollenkörner vom Haselstrauch (*Corylus avellana*) sind etwa 30 µm (0,03 mm) groß und wiegen etwa 9×10^{-9} g. Wegen ihres geringen spezifischen Gewichts von nur etwa 0,4 mg sinken sie bei absoluter Windstille etwa 1,5 cm s^{-1}. Der freie Fall aus etwa 3 m Höhe bis zum Auftreffen auf den Boden würde demnach also runde 2 min dauern. Nun ist es aber draußen selten bis nie absolut windstill. Bei einer Windgeschwindigkeit von 1 m s^{-1} – das entspricht der für Segler und Segelflieger völlig uninteressanten Windstärke 1 – würde ein sinkendes Haselpollenkorn schon über 100 m weit seitlich verdriftet; bei Windstärke 3 (leichte Brise) mit etwa 5 m s^{-1} könnte es dagegen schon fast 500 m weit fliegen. Verwirbelungen der Luftströmung tragen die schwebenden Pollenkörner aber immer wieder hoch hinaus bis in Höhen um 600–1000 m, sodass die erreichten Flugweiten tatsächlich weitaus größer sind. Auf dem Firn in den Zentralalpen hat man sogar schon Pollenkörner aus dem tropischen Afrika nachgewiesen. Oder ein anderes Beispiel: In Südfrankreich blühen Hasel, Erlen und Birken Tage bis Wochen früher als im zentralen Mitteleuropa. Pollenallergiker im Rheinland bekommen das heftig zu spüren, bevor die betreffenden Arten in ihrer Region die Saison eröffnen. Die Reichweiten der pflanzlichen Luftfracht sind also nicht schlecht.

Ein großer Haselstrauch trägt etwa 100 weibliche Blütenstände mit zusammen etwa 600 Einzelblüten. Jede davon enthält zwei Samenanlagen, sodass also zusammen 1200 Samenanlagen zu befruchten wären. Die weiblichen Blütenstände fallen am noch unbelaubten Strauch kaum auf, die männlichen Kätzchen dagegen umso mehr: Es sind rund 300. Jedes davon besteht aus etwa 100 männlichen Blüten mit zusammen 400 Staubbeuteln und in jeder Anthere reifen bis zu 5000 Pollenkörner heran. Das Pollenangebot eines kräftigen Haselstrauchs ist also auch für Nichtallergiker durchaus atemberaubend – es sind 400 × 5000 = 2.000.000 je Kätzchen und rund 600 Mio. je Strauch. Setzt man diese Menge zur Zahl der vorhandenen Samenanlagen in Beziehung, dann kommen auf jede Eizelle etwa 500.000 Pollenkörner. Das sieht nach einer beträchtlichen Verschwendung der männlichen Ressourcen aus und ist es auch, aber ein guter Fruchtansatz braucht zuvor in der Bestäubungsphase eine minimale Trefferquote. Die stellt sich rein rechnerisch folgendermaßen dar: Nimmt man zur Blütezeit der Hasel den durchschnittlichen Pollengehalt mit 200 Körnern/m^3 Luft an (was eher der Untergrenze entspricht) und legt eine Windgeschwindigkeit von nur 1 m s^{-1} zugrunde, erfolgt in jeder Minute ein 60-facher Luftwechsel; in der Stunde sind es 3600, an einem 24-h-Tag gar 86.400 Luftwechsel. Jeder Tag beschert einem 1-m^3-Kronenraum somit einen Pollenflug von mehr als 15 Mio. Körnern. Da wundert es wohl letztlich doch nicht, dass die Pollenkörner auf den oft großen und verzweigten Narben hervorragende Trefferquoten erzielen und eine beeindruckende Samenbildung in Gang bringen. Birke, Erle, Zitter-Pappel und etliche andere anemophile Laubgehölze gehören nicht von ungefähr zu den besonders erfolgreichen Pionieren auf neuen Standorten.

Vorstoß ins Innere

Die Laubsträucher und -bäume in Wald und Flur sind allesamt Bedecktsamer. Soweit sie anemophil sind und ihren Pollen über die Luftroute verteilen lassen, ähneln sie versandtechnisch den Nacktsamern. Die Details der Bestäubung und erst recht die nachfolgenden Befruchtungsvorgänge stellen sich jedoch ein wenig anders dar: Das anfliegende Pollenkorn wird hier nicht durch einen Bestäubungstropfen festgehalten (vgl. Abb. 4.16), sondern haftet – unterstützt durch den Pollenkitt – an der leicht klebrigen Narbe fest. Wenn nun alle biochemischen Formalitäten (vor allem ein aufwendiger Oberflächencheck zur Sicherstellung der Artidentität) erledigt sind, tritt aus einer der vorgesehenen Öffnungsstellen der Pollenkornwand der meist sehr raschwüchsige Pollenschlauch aus und wächst durch den Griffelkanal hinunter in die Hohlräume des Fruchtknotens, in denen sich die Samenanlagen befinden. Gesteuert und gelenkt durch immer noch ein wenig geheimnisvolle Kräfte findet er den Eingang zwischen den beiden Integumenten zum Inneren der Samenanlage (Embryosack, Abb. 4.17, vgl. dazu auch Abb. 2.13).

Unterdessen ist der Pollenschlauch dreikernig geworden und stellt einen extrem vereinfachten männlichen Gametophyten dar. Der vegetative Kern steuert das Wachstum, die beiden generativen Kerne (Spermakerne) sind die eigentlichen männlichen Keimzellen. Einer von ihnen verschmilzt im Embryosack mit der Eizelle, der andere mit einem besonderen Embryosackkern, der zum Ausgangspunkt des Nährgewebes für den bald vorliegenden Embryo wird. Es liegt bei den Bedecktsamern demnach planmäßig eine Doppelbefruchtung vor.

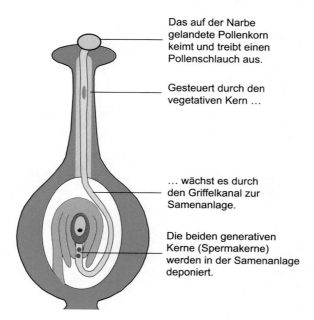

Das auf der Narbe
gelandete Pollenkorn
keimt und treibt einen
Pollenschlauch aus.

Gesteuert durch den
vegetativen Kern …

… wächst es durch
den Griffelkanal zur
Samenanlage.

Die beiden generativen
Kerne (Spermakerne)
werden in der Samenanlage
deponiert.

Abb. 4.17   Bestäubung und Befruchtung bei den Bedecktsamern: Der Pollenschlauch
hat einen etwas komplizierten Weg und überträgt am Ziel beide Spermakerne. Es erfolgt also eine Doppelbefruchtung

Die Tierwelt tritt auf den Plan

Bei der Wasser- und Windbestäubung erscheinen die Abläufe klar und einfach durchschaubar: Das abiotische Transportmedium verschleppt den Pollen
und lädt ihn bestenfalls irgendwo völlig unplanmäßig auf einer passenden
Narbe ab. Der Bestäubungserfolg ist in erster Linie eine Frage der genügend
großen Zahl und somit eine Angelegenheit der Statistik: Wenn gleich wolkenweise Pollenkörner unterwegs sind, wird es schon irgendwie klappen. Die
oben vorgenommene rechnerische Betrachtung der Pollenproduktion und
deren Reichweiten gibt dieser Vermutung durchaus Recht – und ebenfalls die
reiche Samen- bzw. Fruchtproduktion der mit abiotischer Bestäubung arbeitenden Arten.

Wenn allerdings Tiere als Transportunternehmen bzw. Pollenspediteure
beteiligt sind, nimmt die Sache eher nach Postmanier den Charakter einer
gelenkten Zustellung an. Damit auch hier der Erfolg sicher ist, vollzieht sich
jeweils eine perfekte Inszenierung mit zwei Hauptakten und mehreren kleinen, aber unentbehrlichen Zwischenszenen (Abb. 4.18). Schon der erste Akt
ist entscheidend: Gleich zu Beginn muss nämlich der blütenbesuchende

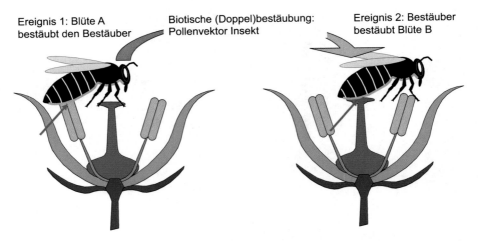

Ereignis 1: Blüte A
bestäubt den Bestäuber

Biotische (Doppel)bestäubung:
Pollenvektor Insekt

Ereignis 2: Bestäuber
bestäubt Blüte B

Abb. 4.18 Die biotische Bestäubung erledigt den Pollentransport mit tierischen Vektoren und funktioniert grundsätzlich als Doppelbestäubung

Bestäuber seinerseits bestäubt werden. Das gesamte architektonische Inventar einer Blüte muss so beschaffen sein, dass fast zwangsläufig eine effektive Pollenbeladung des Blütenbesuchers erfolgt. Die faszinierenden Details dazu schauen wir uns weiter unten an.

Zur erfolgreichen Besucherbestäubung gehört aber notwendigerweise auch, dass die Pollenkörner an ihrem Spediteur haften. Der Pollen biotisch bestäubter Blütenpflanzen hat glücklicherweise eine entsprechende Oberflächenausrüstung, die den hydro- und anemophilen Arten weitgehend oder überhaupt fehlt: Die einzelnen Pollenkörner sind durch ihren etwas öligen Pollenkitt ziemlich klebrig. Pollen windblütiger Arten ist, wie das Lupenbild zeigt, eher staubtrocken und lässt sich leicht wegpusten, derjenige zoophiler Spezies dagegen nicht. Vor allem der Klebepollen der zoophilen Arten bildet daher kleine, anhängliche Klumpen. Wer je mit einer weißen Jeans durch eine blühende Löwenzahnwiese schritt, hatte anschließend den Beweis dafür direkt an den Beinen bzw. vor Augen.

Andererseits müssen auch die tierischen Pollenkuriere bestimmte strukturelle Voraussetzungen erfüllen. In aller Regel sind sie fein behaart und sozusagen pelzig. Die sonst so häufigen Ameisen sind vor allem deswegen nicht in dieser Branche aktiv, weil sie zu wenig behaart sind – sie sind eher die Skinheads unter den Insekten. Außerdem laufen sie fast immer nur bodennah herum. Damit sind ihre Aktionsradien zu gering.

Nun müssen die Hafteigenschaften der Pollenkörner natürlich garantieren, dass sie nach Beladung eines flugfähigen Bestäubten auf der anschließenden und eventuell etwas weiteren Flugstrecke auch tatsächlich am fliegenden Tier verbleiben. Immerhin: Eine Biene erreicht im Streckenflug eine Geschwindigkeit bis zu 30 km h^{-1} und da zieht es ganz schön. Außerdem vibriert der Insektenkörper bei etwa 200 Flügelschlägen je Sekunde doch ziemlich heftig. Das alles darf die Pollenkörner nun nicht so stark erschüttern, dass sie großenteils wieder herunterfallen und verloren gehen, weil sonst in der Zielblüte nichts mehr ankommt.

Damit sind aber noch nicht alle technischen Probleme gelöst. In der nächsten aufgesuchten Blüte müssen sich die vom Besucher mitgebrachten Pollenkörner sozusagen als „Gesellschaft mit beschränkter Haftung" erweisen – und am viskosen Narbensekret deutlich besser kleben bleiben als am aktiven Pollentransporteur. Sonst wird es nämlich wieder nichts mit der eigentlichen Bestäubung, dem entscheidenden zweiten Akt der Gesamtinszenierung. Alle tiervermittelten Pollenübertragungen funktionieren nur nach dem Prinzip einer Doppelbestäubung (vgl. Abb. 4.18). Während der Coevolution von Bestäubern und Bestäubten mussten daher, wie schon allein die kurze Betrachtung der pflanzlichen Klebetechnologie zeigt, zahlreiche Optimierungsschritte entwickelt und genetisch fixiert werden. Die Natur hat das bewundernswert hinbekommen, wie der enorme Erfolg der zoophilen Arten belegt (Abb. 4.19). Viele Einzelheiten der beteiligten Klebstoffchemie sind übrigens noch wenig erforscht. Die für die Industrie arbeitenden Polymerchemiker könnten hier vermutlich noch manche aufregende Anregung entnehmen.

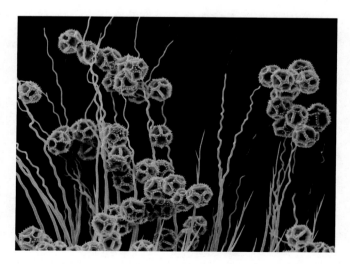

Abb. 4.19 Selten in dieser Dimension dargestellt: Pollenkörner der Wegwarte (*Cichorium intybus*) auf den Haaren einer Wildbiene (*Panurgus* sp.). Die enge Beziehung zwischen Insekten und Blüten ist eine der umfangreichsten Symbiosen, die je auf der Erde entstanden sind

5

Folgenreiche Freundschaft

Sämtliche Ökosysteme können nur dadurch funktionieren, dass am Beginn einer Nahrungskette jeweils ein Primärproduzent steht, von dem die nachgeschalteten Konsumenten (Sekundärproduzenten) unmittelbar oder mittelbar abhängen, weil sie die vorproduzierte Biomasse nutzen müssen. Dieses an sich recht übersichtliche Organigramm weist den grünen Pflanzen (oder anderen photosynthetisch aktiven Lebewesen) damit eine klare, aber auch etwas undankbare Rolle zu: Sie liefern durchaus verlustreich das Futter für alle tierischen und sonstigen Mitglieder einer Lebensgemeinschaft, von der blattschreddernden Raupe bis zum wiederkäuenden Rind. Auch vor den Blüten

B. P. Kremer, *Geheimnisvolles von Blumen und Blüten*,
https://doi.org/10.1007/978-3-662-70418-9_5

machen die hungrigen Mäuler keineswegs Halt. „Wenn das Schaf die Blume frisst, ist das für ihn, als ob ganz plötzlich alle Sterne verlöschen", stellt Antoine de Saint-Exupéry (1900–1944) in *Der kleine Prinz* (1943) betrübt fest. Es geht jedoch auch deutlich weniger dramatisch: Insekten nutzen die besuchten Blüten bewundernswert nachhaltig als Nahrungsquelle und berauben die Pflanzen keineswegs ihrer Reproduktionseinrichtungen.

Gerade diese besondere Ressourcenfunktion ist das Schlüsselphänomen zum Verständnis des ungemein spannenden Beziehungsgeflechts Blüte-Besucher bzw. -Bestäuber, wobei man sich allerdings vor allzu vermenschlichenden oder sonst wie vereinfachenden Bewertungen hüten muss. Blütenbesuchende Tiere kommen nicht primär zu Glockenblumen, Lichtnelken oder Löwenzahn, „um" dort die eventuell mitgebrachten Pollenkörner einzusammeln oder abzulegen und damit die Bestäubung zu vollziehen, denn ihr Kurierdienst hat absolut keine karitative Note, sondern erklärt sich strikt aus einem ganz vordergründigen Sachzwang: Die tierischen Gäste suchen die Blüten nur deswegen auf, weil es dort nämlich etwas für sie zu konsumieren gibt. Die synchron mitvollzogene Pollenkornzustellung mag man daher eher zwischen zufälligem Randeffekt und unvermeidlicher Zugabe einordnen. Mit „Futter und Bestäubung" könnte man die Beziehung aus tierischer Sicht betiteln. „Futter gegen Bestäubung" wäre dagegen die pflanzliche Perspektive. Die Zoophilie, die Freundschaft mit Tieren, wie sie auch der in der blütenökologischen Fachliteratur gerne verwendete Terminus betont, erscheint auf diesem Hintergrund leicht poetisch vernebelt – ganz gleichgültig, wer auf der Gästeliste steht.

Die Blütenbestäubung durch Tiere vollzieht sich völlig cool und leidenschaftslos – aber dennoch bewundernswert. Tatsächlich ist es außerordentlich faszinierend zu untersuchen und damit wiederum so manches Blütengeheimnis zu lüften, wie das vordergründig auf Nahrungserwerb gerichtete Besucherinteresse mit den biologischen Erfordernissen einer effizienten Pollenübertragung gekoppelt ist. Tiere suchen und sehen Blüten, fallen geradezu über sie her, beuten sie bis zum Letzten aus und erledigen dabei die Bestäubung eher zufällig und gleichsam ganz en passant (Abb. 5.1). Im Detail sind die Abläufe jedoch nicht ganz so technisch schnöde und schon allein deswegen ist es gleichermaßen verlockend und aussichtsreich, die vielen kleinen Angepasstheiten und Tricks zu durchschauen, die das Geheimnis so mancher Blüte ausmachen.

Abb. 5.1 Diese Hummel war auf den zuvor besuchten Blüten schon recht erfolgreich – sie ist reichlich mit Pollenkörnern eingepudert, die in ihrem pelzigen Outfit haften

Eine tierisch gute Beziehung

Die Windbestäubung mag – vor allem beim Blick auf die ohnehin immer etwas archaisch anmutenden Nacktsamer – zunächst als ziemlich antiquierter Versandweg für Pollenkörner erscheinen. Aber sie arbeitet, wenn auch reichlich verschwenderisch, zuverlässig und mit durchaus beachtlichen Erfolgen. Vor allem in großen, relativ artenarm zusammengesetzten Lebensgemeinschaften wie Prärien und Savannen, Laub- und Nadelwäldern ist Anemophilie einfach das Mittel der Wahl. Wie anders sollten die zahllosen Individuen einer horizontweiten Grasflur oder eines nur aus Kiefern bestehenden Waldstücks sonst erfolgreich bestäubt werden? So viele bestäubungsfähige Tiere, wie sie eigentlich erforderlich wären, kommen in solchen Lebensräumen gar nicht vor.

Seit rund 140 Mio. Jahren gibt es auf der Erde Bedecktsamer (vgl. Abb. 5.2). Das ist auf geologische Zeitspannen bezogen noch nicht allzu lange her. Würde man die gesamte bisherige Erdgeschichte auf eine Stunde zusammenkürzen, gäbe es diesen ungemein erfolgreichen Pflanzentyp tatsächlich erst seit rund 90 s.

Das Geheimnis des Erfolgs der Blüten seit der Kreidezeit und ihr vergleichsweise rascher Aufstieg ist ein so zuvor nicht umgesetztes und sich offenbar selbst verstärkendes, strategisches Konzept: Viele Bedecktsamer entwi-

Abb. 5.2 Blüten gehören zu den eher seltenen Fossilien. Das abgebildete Exemplar aus dem Eozän (eine noch unbestimmte Spezies) wurde aus den knapp 50 Mio. Jahre alten Ölschieferschichten im fossilen Seegrund des Eckfelder Maars in der Südwesteifel geborgen – eine außergewöhnliche Fossilfundstätte vom gleichen Rang wie die berühmte Grube Messel bei Darmstadt

ckelten Wege, Tiere mit größerer Reichweite fest in ihre Bestäubungsabläufe einzubeziehen. Vor allem Insekten, aber auch kleinere Wirbeltiere wurden schon gegen Ende des Erdaltertums zunehmend ergänzend zu Wasser und Wind zu wirksamen Pollenvektoren. Damit begann eine einzigartige Erfolgsgeschichte, die bei allen Beteiligten viele erstaunlichen Angepasstheiten, aber auch wechselseitige Abhängigkeiten hervorgebracht hat – Zoophilie nennt man in der Blütenbiologie dieses überaus erstaunliche Syndrom. So stehen wir also heute staunend vor einem Blumengarten oder an einer blühenden Wiese und stellen fasziniert fest, wie es hier erkennbar summt und wimmelt (Abb. 5.3): Hautflügler (Bienen, Hummeln, Wespen) sind die häufigsten Akteure. Außerdem sind auch manche Käfer wie der hübsche Rosenkäfer (*Cetonia aurata*) oder der Pinselkäfer (*Trichius fasciatus*) regelmäßige Blütenbesucher. Auf Doldenblütengewächsen findet man fast immer auch Weichkäfer (*Cantharis* spp.). Oft sind Fliegen zu Besuch, darunter vor allem die faszinierenden Schwebfliegen (Syrphidae), und natürlich die Schmetterlinge mit fast allen ihren Ordnungen. In den Tropen sind Vögel (Kolibris, Nektarvögel) auf den Blütenbesuch spezialisiert und vielfach auch Fledermäuse. Die Gästeliste (Abb. 5.4) ist also hinreichend umfangreich und

Abb. 5.3 Honigbienen gehören zu den häufigsten Blütenbesuchern

Abb. 5.4 (a) Schmetterlinge sind gewöhnlich arten- und zahlreich auf Blüten zu sehen: im Bild Admiral (*Vanessa atalanta*) auf Sommerflieder (*Buddleja davidii*). (b) Auch manche Käfer mischen mit: Ein Pinselkäfer (*Trichius fasciatus*) hat sich in den komplexen Blütenstand einer Witwenblume (*Knautia arvensis*) vertieft. (c) Garten-schwebfliege (*Syrphus* sp.) im Anflug auf eine Kornblume (*Centaurea cyanus*). (d) Hochbetrieb auf einer Dolde des Wiesen-Bärenklaus (*Heracleum sphondylium*) mit Hautflügler (Honigbiene), Schwebfliegen (Syrphidae) und kleinen Fliegen (Diptera)

b

c

d

Abb. 5.4   (Fortsetzung)

sowohl in der Arten- als auch der Individuenzahl der beteiligten Pollenspediteure gewöhnlich gut besetzt.

Wenn man heute einen blühenden Kirschbaum mit seiner rund 1 Mio. Einzelblüten bestaunt (Abb. 5.5), aus dem ein vielstimmiges, auf äußerst geschäftiges Tun und Treiben hindeutendes Summen zu vernehmen ist, wird sofort deutlich, dass hier eine bemerkenswert enge und sicherlich auch komplexe Kooperation im Gange ist (Abb. 5.6). Sie lässt sich gewiss nicht auf die einfache, obwohl im Prinzip richtige Aussage „Bienen bestäuben die Obstbäume" reduzieren. Die Bienen in der blühenden Baumwiese, die Hummeln auf der Himmelsleiter oder die Falter auf der Flockenblume stellen das hochgradig optimierte, vorläufige Ergebnis einer langen Entwicklungsreihe mit geradezu unwahrscheinlichen Einzelszenarien dar. Was und wer alles in dieses wunderbare Verhältnis zwischen Pflanzen und Tieren eingreift und in welchem Maße auch Betrüger, Diebe, Fallensteller, Falschmünzer, Liebesschwindler, Schaumschläger sowie – aus menschlicher Sicht – weitere eher unliebsam Zwielichtige mitmischen, gehört zweifellos zu den faszinierendsten Kapiteln der Ökologie. Frappierende Fallbeispiele werden wir in den folgenden Abschnitten kennenlernen und etwas genauer analysieren.

Abb. 5.5 Ein ausgewachsener blühender Obstbaum trägt fast 1 Mio. Einzelblüten und ist natürlich ein lohnendes Ausflugsziel für fouragierende Blütenbesucher, darunter vor allem Honigbienen

Abb. 5.6 Nach erfolgreicher Sammelarbeit kehrt die Biene – unter sensibler Berücksichtigung ihres Startgewichts – in den Stock zurück. Während des Fluges hat sie die eingesammelten Pollenkörner außen auf ihren Hinterbeinen als Pollenhöschen deponiert

Nahrhaftes Knabberzeug

Obwohl eine Blüte nur aus funktionsspezialisierten Blättern besteht und damit in ihrem überschaubaren Maßstab betrachtet einen saftigen Weidegrund darstellen könnte, kommt es so gut wie nie vor, dass Kleintiere zu Besuch kommen, planmäßig nur die Blattorgane der Blütenhülle anknabbern und sich nach diesem vegetarischen Kurzmenü wieder davonmachen. Das Nahrungsangebot an die tierischen Gäste ist gänzlich anderer Natur und weitgehend ohne Parallele zu den sonstigen Material- und Energieflüssen in den Ökosystemen.

Erstaunlicherweise setzen die Blüten ihren Besuchern als willkommene Kost exakt diejenigen Funktionsträger vor, die aufwendig und stationenreich für die Einleitung des Fortpflanzungsgeschäfts entwickelt wurden – nämlich Pollenkörner (Abb. 5.7). Der biologische Auftrag des Pollens ist es, nach erfolgreicher Landung auf der Narbe einer möglichst weit entfernten artgleichen Blüte durch deren Griffelkanal einen Pollenschlauch abzuteufen, der unten in der Samenanlage die beiden männlichen Gameten(kerne) versenkt und einen davon per Verschmelzung mit dem Eizellkern die Befruchtung vollziehen zu lassen. Wenn die Pollenkörner jedoch zuvor in die Nahrungskette abgezweigt werden, sind sie für diese generative Ereignisfolge verloren. Also auch hier Verschwendung?

Nun zeigen bereits die zahlreichen Windblütigen, die wie sämtliche Nacktsamer primär auf diese scheinbar etwas unzuverlässige Versandroute ein-

Abb. 5.7 Mitunter entsteht der Eindruck, als sammelten die Besucherbienen auf dem Frühlings-Krokus die bereits zur Bestäubung auf der vielgliedrigen Narbe deponierten Pollenkörner wieder ab

gerichtet sind oder wie etliche Verwandtschaftsgruppen der Bedecktsamer sekundär dazu zurückgefunden haben, dass Bestäubungserfolge nur durch Massenhaftigkeit zu erzielen sind. Vergleichbares zeigen auch diejenigen Pflanzenarten, die sich an ihre Besucher mit einem ausgeprägten Pollenangebot richten: Typische Pollenblumen zeichnen sich durch eine auffällig hohe Staubblattanzahl aus und lassen demnach eine entsprechend hohe Pollenproduktion erwarten. Rekordhalter unter den daraufhin genauer untersuchten Spezies sind die Mohnarten (*Papaver* spp.) mit rund 2,5 Mio. Pollenkörnern je Blüte sowie die Pfingstrosen (*Paeonia* spp.) mit sogar mehr als 3 Mio. Mikrosporen (vgl. Tab. 4.1). Andere Beispiele, die schon allein mit ihren dichten und produktionsstarken Staubblattgebüschen auffallen, finden sich vor allem unter den Vertretern der Hahnenfuß- und der Rosengewächse, aber auch bei den Weiden (*Salix* spp., Abb. 5.8). Ihre Pollenzahlen stehen dem Massenangebot von Mohn und Päonien sicherlich kaum nach. Bei diesen Pollenmengen ist schon allein aus statistischen Gründen zu erwarten, dass

a   b

Abb. 5.8 **(a)** Weidenarten (*Salix* spp.) sind zweihäusig: Die männlichen Individuen etwa der Sal-Weide (*Salix caprea*) entwickeln in überreichem Maße pollenspendende Blüten und sind für die besuchenden Insekten nach der Winterpause eine wichtige Erstlingskost. **(b)** Die vergleichsweise schmucklosen, weiblichen Blütenstände der Sal-Weide (*Salix caprea*) werden dennoch von Besucherinsekten angeflogen – sie locken mit besonderen Nektar- und Duftdrüsen

für die Bestäubung immer noch eine genügend große Anzahl Pollenkörner verbleibt, selbst wenn die tierischen Besucher einen gewissen Anteil und vielleicht sogar den sicherlich größten Teil konsumiert haben sollten. Übrigens: So ganz allein stehen die Pollenblumen mit ihrer dimensionsverschiedenen Eizell-Pollenkorn-Relation nicht da. Bei den Säugetieren (inkl. Mensch) ist das Zahlenverhältnis zwischen Eizelle und losgeschickten Spermatozoiden auch nicht gerade ausgewogen.

Diätetisch betrachtet stellen die Pollen eine bemerkenswert wertvolle Kost dar. Sie enthalten – bei größeren arttypischen Schwankungen je nach Pollenherkunft – nur relativ wenig Fette (bis etwa 10 %), mäßige Mengen an langkettigen (bis zu 7 %) und niedermolekularen Kohlenhydraten (unter 10 %), aber dafür reichlich Protein (bis über 30 %) und natürlich eine Menge essenzieller Spurenelemente (bis etwa 9 %). Ernährungsberater, die sich um übergewichtige Fehlernährte sorgen, müssten von einer solchen Nährstoffverteilung begeistert sein.

Das Problem der Pollenkörner ist somit sicherlich nicht ihr interessanter Inhalt, sondern eher die erstaunlich widerstandsfähige Pollenkornwand. Die Sporopollenine, aus denen sie aufgebaut ist, gehören zu den resistentesten Naturstoffen überhaupt. Nicht einmal Bakterien, die sonst die gesamte Palette organischer Stoffe angreifen und restlos zersetzen, können sie abbauen. Nur deshalb überdauern zumindest die Hüllen der Pollenkörner nahezu unbeschadet die Jahrtausende in Torflagern und sogar etliche Jahrmillionen in Bernstein oder Festgestein (vgl. Abb. 4.15). Tiere, die Pollenkörner als Nahrung einsammeln, müssen diese rigoros zerbeißen. Für Bienen, Hummeln und andere Hautflügler sowie für Käfer ist das kein Problem, denn sie sind mit kräftigen kauend-beißenden Mundwerkzeugen ausgestattet und können damit auch die Sporopolleninfestungen mühelos zermalmen (Abb. 5.9). Ausnahmsweise können das auch Schmetterlinge: Urmotten der Art *Micropteryx calthella* finden sich im Frühjahr gerne auf der Sumpfdotterblume (*Caltha palustris*) ein und ernten deren Pollenspende ab.

Abb. 5.9 Der hübsche Rosenkäfer (*Cetonia aurata*) ernährt sich fast ausschließlich vom Pollenangebot der Rosengewächse und ist daher in den Sommerwochen regelmäßig auf Feuerdorn (*Pyracantha coccinea*) oder Weißdornarten (*Crataegus* spp.) zu sehen

Borsten, Bürsten, Fegewerkzeug

Für die pollensammelnden Insekten notiert man gewöhnlich die Bezeichnungen Blütenbesucher oder gar Blütengäste. Diese sehr höfliche Begriffswahl gibt sicherlich eine vornehm-distanzierte Beschreibung, gibt aber die wirklichen Szenarien nicht unbedingt zutreffend wieder: Käfer und Bienen sowie Hummeln sind große, recht kräftige Insekten und führen sich in einer besuchten, besser: heimgesuchten Blüte mindestens so rabiat auf wie ein Elefant im Porzellanladen. Überall drängen sie hin, quetschen sich in die engsten Winkel, erregen allseitig heftigen Anstoß, erschüttern beim eiligen Herumtrampeln sämtliche Staubblätter und beißen außerdem diejenigen Antheren an, die sich noch nicht freiwillig geöffnet haben. So führen sie sich insgesamt nicht gerade auf wie zurückhaltende Gäste, sondern wie marodierende Plünderer. Erstaunlicherweise nehmen die Blüten diese heftige Kundschaft eher gelassen hin. Ihre Bauteile sind bei aller Zartheit zumeist hinreichend stabil und flexibel, und so hinterlassen selbst ausgesprochene Poltertrupps kein verwüstetes Trümmerfeld. Bei manchen Blüten sind die Spuren vorangegangener Besuche allerdings doch zu sehen: Die spitzen Fußendglieder, mit denen sich die größeren Besucher in die Blütenkronen einkrallen, hinterlassen dort kleine Kratzer oder sogar Löcher und die verfärben sich

Abb. 5.10 Die Spuren vorangehender (heftiger) Besuche sind nicht zu übersehen: Kronenschäden an den Blüten des Beinwells (*Symphytum officinale*)

durch Phenoloxidasen verräterisch bräunlich wie ein angebissener Apfel (Abb. 5.10).

Nach dem Aufenthalt in einer Pollenblume sehen Bienen und Hummeln fast so aus, als seien sie in eine gelbe Mehltüte gefallen – über und über an fast allen Körperpartien eingepudert. Für die Pollenübertragung in die nächste besuchte Blüte ist das natürlich eine glückliche Fügung. Bei den betreffenden Tieren steht jetzt jedoch ausschließlich das Einsammeln von Nahrung im Vordergrund. Daher müssen jetzt Mechanismen greifen, mit denen sie die über das Haarkleid verteilten Pollenkörner verlustlos einsammeln und konzentrieren können.

Das seit Jahrtausenden geschätzte Haustier Honigbiene (*Apis mellifica* = die Honigmacherin, manchmal auch unzutreffend Honigträgerin genannt) ist ein auch daraufhin ausgiebig bis ins Detail untersuchtes Beispiel und mag die nunmehr einsetzenden Verrichtungen verstehen helfen. Direkt beobachten kann man sie beim genaueren Hinsehen sehr schön bei Bienen, die in und an einer blühenden Sal-Weide (*Salix caprea*) unterwegs sind. Die Pollenaufladung auf der Behaarung nahezu aller Körperpartien erfolgt nahezu automatisch, weil die Tiere alle erreichbaren Staubblätter eines männlichen Blütenstands anrempeln. Den anschließenden Reinigungs- und Sammeljob erledigen sie im Flug zwischen zwei Blütenbesuchen. Im Einsatz sind jetzt vor allem die Bienenbeine, die jeweils komplette Werkzeugkästen darstellen (Abb. 5.6 und 5.11).

Das erste der fünf Fußglieder (Metatarsus) eines Bienenbeins – bei Hummeln liegen die Verhältnisse ganz ähnlich – ist auffällig vergrößert und trägt auf seiner Innenseite mehrere Borstenreihen, die zusammen eine Bürste bilden. Die Bürsten der beiden vorderen Beinpaare fegen den Pollen aus dem Pelz vom Kopfbereich und aus dem Brustabschnitt zusammen, die beiden Hinterbeine kümmern sich um die Pollenbeladung auf dem Abdomen. Vorderes und mittleres Beinpaar geben ihre Ausbeute nach hinten weiter. Die von den Bürstenhaaren zusammengefegten Pollenkörner nimmt jeweils ein am unteren Ende des Unterschenkels (Tibia) angebrachter Borstenkamm ab. Das ist nur kreuzweise möglich: Der Kamm des rechten Beins befreit die Bürste auf der linken Innenseite und umgekehrt. Der am Metatarsus angebrachte Fersensporn (vgl. Abb. 5.11) schiebt die jetzt versammelte und stärker verdichtete Pollenmasse auf die Außenseite des Hinterbeinunterschenkels und dort formt sich bei weiterem Pollennachschub bis zur Fassungsgrenze das so bezeichnete Höschen, wie Imker die außen auf den Hinterbeinen aufgeladene und durch Randborsten gesicherte Pollenernte nennen. Außerdem drücken die Bienen (und Hummeln) die Pollenkörner kräftig zusammen und feuchten sie durch ausgewürgten Nektar auch noch zusätzlich an, damit sie auf jeden Fall den eventuell längeren Luftweg überstehen. Pollenhöschen sehen daher

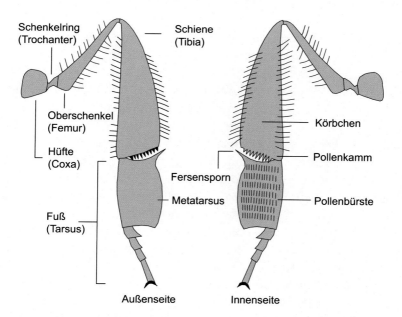

Abb. 5.11 Mit dem Beinabschnitt Metatarsus und seinen Spezialeinrichtungen besorgt die Honigbiene beim Heimflug das Auskämmen der im Haarpelz klebenden Pollenkörner und verknetet sie zu einer einheitlichen Masse

im Lupenbild immer auffallend glänzend aus, obwohl die Pollenkörner selbst matt sind (vgl. Abb. 5.6). Im Stock nehmen die mittleren Beine den Pollenklumpen ab. Jedes Höschen kann bis zu 10 mg wiegen und rund 1 Mio. Pollenkörner enthalten. Absolut top clean sind die Bienen nach dem Ausbürsten des Pollens jedoch nicht. Überall hängen noch einzelne Pollenkörner im Pelz und genau diese Fraktion der dem Fegeprozess Entgangenen stellt die richtige Dosis für die Bestäubung der aufgesuchten Blüten.

Bei der Rückkehr von einer Sal-Weide- oder Rapstracht sind die Höschen wie bei den meisten sonstigen Pollentrachten knallgelb. Nach dem Besuch von Apfelblüten erscheinen sie eher rötlich, bei der Rückkehr aus einem Mohnfeld tiefschwarz, nach ausgiebigem Sammeln auf der Wegwarte weiß. Weiß-Klee (*Trifolium repens*) liefert bräunlichen Pollen, Büschelschön (*Phacelia tanacetifolia*) eher bläulichen und Mädesüß (*Filipendula ulmaria*) grünlichen. Übrigens besuchen Bienen auch ausgiebig die männlichen Kätzchen von Hasel (*Corylus avellana*) und Weiß-Birke (*Betula pedula*), obwohl diese Gehölzarten definitiv windblütig sind. Im Frühjahr zum Saisonstart gehören sie zu den besonders wichtigen Futterlieferanten der Hautflügler.

Von Puderquasten und Staubpumpen

Bienen und Hummeln sind in den pollenliefernden Blüten meist so rasch zu Gange, dass man die Einzelheiten der Pollenaufladung gar nicht genau verfolgen kann. Oft vollzieht sich die Übergabe der Pollenkörner passiv: Die Tiere streifen an den weit geöffneten Antheren entlang und an ihrer wolligen Behaarung bleibt der Pollen aufgrund seiner besonderen Klebrigkeit portionsweise hängen.

Zu diesem eher passiven Übergabemodell bestehen bemerkenswerte Alternativen, welche die aktive Mithilfe der Pflanzen einschließen. Als eines der eindrucksvollen Beispiele wählen wir die als Wildpflanzen oder Ziersträucher weit verbreiteten Berberitzen (*Berberis* spp.) oder die nah verwandte Mahonie (*Mahonia aquifolium*). Die Filamente der – was nicht so recht in den üblichen Blütenbauplan einer Zweikeimblättrigen passt – insgesamt sechs Staubblätter sind erstaunlicherweise an der Basis reizbar: Berührt ein Blütenbesucher sie, weil er die am Blütengrund angebotene Nektarmenge ausbeuten will, klappen sie schlagartig nach innen und reiben ihm dabei eine gehörige Pollenportion in den Pelz. Dieses Bewegungsmanöver – es gehört zu den raschesten im Pflanzenreich – lässt sich leicht mit einer Nadel auslösen. Wenige Minuten später sind die Staubblätter in ihre Ausgangsposition zurückgekehrt.

Abb. 5.12 Noch stehen beim heimischen Sonnenröschen (*Helianthemum nummularium*) die Staubblätter eng gebündelt in der Blütenmitte. Sobald sie ein Insekt an der reizbaren Basis berührt, öffnen sie sich momentan zu einem breiten Strauß

Reizbare Staubblattfilamente finden sich auch bei den Zistrosengewächsen, bei den mediterranen Zistrosen (*Cistus* spp.) und auch bei den heimischen Sonnenröschen (*Helianthemum* spp., Abb. 5.12).

Hier stehen die gewöhnlich zahlreichen Staubblätter als dichtes Büschel zusammen. Berührt sie ein Insekt (oder der Experimentator) an der Basis, breiten sie sich sofort zum weit geöffneten Strauß aus. Bei diesem Bewegungsablauf fahren sie dem Blütenbesucher wie Puderquasten über den Kopf und hinterlassen dort jede Menge Pollenkörner.

Mit erstaunlichen Auftragungshilfen überraschen die meisten Vertreter der Schmetterlingsblütengewächse. Beim Besenginster (*Cytisus scoparius*) sind die Filamente der zehn Staubblätter in der noch unbesuchten Blüte spiralig aufgerollt und stehen demnach unter Spannung wie eine aufgezogene Uhrfeder. Drückt eine landende Hummel die beiden Kronblätter des Schiffchens herunter, entlädt sich das Ensemble augenblicklich: Der Besucher bekommt einen kräftigen Kinnhaken und trägt anschließend ein paar Hundert Pollenkörner davon. Bei der Lupine (*Lupinus polyphyllus*) ist die Schiffchenspitze wie eine Nudelteigspritze geformt. Die Antheren entleeren dorthin ihre

Pollenproduktion. Wenn sich besuchende Hautflügler darauf niederlassen, wird ihnen eine gehörige Pollendosis direkt auf die Bauchflanke gerieben. Ähnlich funktionieren auch die Blüten des Wiesen-Hornklees (*Lotus corniculatus*).

Wirklich einzigartig ist die Pollenbeladungstechnik des heimischen Wiesen-Salbeis (*Salvia pratensis*), die so bei den anderen *Salvia*-Arten nicht vorkommt. Die Blüten weisen nur zwei Staubblätter auf, deren Filamente an der Basis jedoch gelenkig mit dem Blütenboden verbunden sind und eine nach vorne gerichtete Platte aufweisen (Abb. 5.13). Diese arbeitet wie der Trethebel eines Abfallbehälters: Stößt das besuchende Insekt mit dem Kopf dagegen, fahren von oben durch Hebelwirkung die beiden Antheren auf seinen Rücken und hinterlassen dort einen rundlichen, gelben Fleck als Stempelaufdruck mit Pollen.

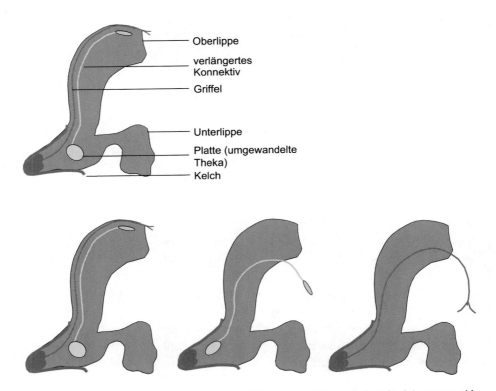

Abb. 5.13 Oben: Längsschnitt durch eine Blüte vom Wiesen-Salbei (*Salvia pratensis*); unten: Schlagbaummechanismus in der Blüte, links: junge Blüte, Mitte: Schlagbaumposition beim Besuch eines Bestäubers (z. B. Hummel), rechts: Staubblätter verwelkt (nicht dargestellt) und verlängerter Griffel zur Entgegennahme des mitgebrachten Pollens vom nächsten Besucher

Je nach Blütenkonstruktion erfolgt die Pollenaufladung auf dem Besucher nicht gänzlich unsystematisch, sondern recht gezielt. Mal ist der Rücken der Zielbereich (nototribe Beladung), mal sind es nur die Körperflanken (pleurotrib) oder der Bauch (ventritrib). Im Allgemeinen befinden sich mit dieser Erreichbarkeit in den bestäubungsfähigen Blüten auch die abstreifbereiten Narben – zielgenauer geht es fast nicht. Bei den *Ophrys*-Arten und anderen Spezies aus der heimischen Orchideenflora werden die zur Gesamtheit zusammengefassten Pollenkörner als Pollinien den Blütenbesuchern im Kopfbereich gezielt angeklebt (Abb. 5.14).

Bei manchen Arten vollzieht sich auch eine raffinierte Narbenreaktion: Bei den Gauklerblumen (*Mimulus* spp.) überragt die zweilappige Narbe weit den Blüteneingang. Sobald ein pollenbeladener Besucher eintrifft, berührt er als Erstes diese beiden Lappen, und die klappen augenblicklich zusammen wie ein zuschnappendes Schlangenmaul. Da sollte es nicht wundern, wenn sie auch jedes Mal etwas vom mitgebrachten Pollen wegschnappen.

Abb. 5.14 Die Ragwurz-Zikadenwespe (*Argogorytes mystaceus*) hat sich beim Besuch der Blüte einer Fliegen-Ragwurz (*Ophrys insectifera*) ein hellgelbes Pollinium an den Kopf geklebt

In der zweiten Reihe sitzen

Den Normalfall haben wir soeben kennengelernt. Ein pollensammelndes Insekt landet auf einer Blüte, vertieft sich in deren Angebotslage und sammelt zielgerichtet die eventuell reichlich vorhandenen Pollenkörner ein – nämlich an den geöffneten Antheren. In der Blütenbiologie bezeichnet man diese Art der Offerte als primäre Pollenpräsentation, denn das Sammelgut wird direkt an seinem Entstehungsort abgeholt. Wenn es dafür schon eigens einen Fachausdruck gibt, muss man wohl mit einer alternativen Möglichkeit rechnen. Die gibt es und die nennt man folgerichtig sekundäre Pollenpräsentation (Abb. 5.15). Erstaunlicherweise sind einige Verwandtschaftsgruppen unter den Blütenpflanzen dazu übergegangen, ihren Pollen fernab der Staubbeutel für den Besucher respektive Bestäuber bereitzuhalten. Das funktioniert fast immer so, wie man besonders deutlich an den Glockenblumen (*Campanula* spp.) sehen kann: Die Staubbeutel stehen eng ringförmig als Zylinder zusammen und öffnen sich nach innen. Von unten durchwächst der anfangs noch sehr kurze Griffel mit sicherheitshalber fest verschlossenen Narbenlappen

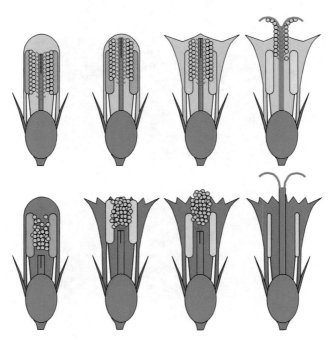

Abb. 5.15 Sekundäre Pollenpräsentation bei den Korbblütengewächsen: Bürstenmechanismus bei den röhrenblütigen Arten (obere Reihe), Pumpmechanismus bei den zungenblütigen Vertretern (untere Reihe)

Abb. 5.16 Blütenstand der auch als Gartenpflanze beliebten Berg-Flockenblume (*Centaurea montana*): Fertil sind nur die inneren Röhrenblüten und die zeigen sehr eindrucksvoll eine sekundäre Pollenpräsentation

diesen Antherenzylinder und nimmt die Pollenkörner mit seinen hand-fegerartig schräg aufwärts gerichteten Haaren mit. Zuletzt liegen die aus-gefegten Staubbeutel als nutzlose Hüllen schlaff am Blütenboden, während die gesamte Pollenmasse außen am Griffel Posten bezogen hat und nur hier vom Besucher abgestreift wird. Eine Selbstbestäubung ist bei diesem kriti-schen Ablauf ausgeschlossen, weil die belegbaren Flanken der Narbenzipfel noch nicht aktionsbereit sind. Sie öffnen sich erst ein paar Tage später, wenn der Pollen der eigenen Blüte abgesammelt ist.

Vergleichbare Verhältnisse finden sich bei allen Vertretern der Korbblüten-gewächse (Abb. 5.16). Vor allem bei den Flockenblumen (*Centaurea* spp.) mit ihren vergleichsweise großen Blütenständen sind die Detailabläufe per Lupe sehr schön zu verfolgen.

Mitunter ereignen sich in den Blüten auch erschütternde Szenen: Pflanzen kommen ihren Besuchern fast immer mit raffinierten Pollenauflademechanis-men entgegen. Andererseits setzen auch die Blütenbesucher recht ausgefallene Verfahren ein, um eine gehörige Pollenladung abzubekommen – leicht zu be-obachten, und noch besser zu hören, bei den heimischen Hummeln. Nicht selten verraten sie sich auf oder in den Blüten durch heftiges Summen in hochfrequenten Tönen. Sofort vermutet man, dass der Blütenbesucher in der Enge einer Krone in Panik geraten ist, aber der Sachverhalt liegt gänzlich an-ders: Die Tiere erschüttern mit ihren Tönen die Antheren, sodass deren Pollenfüllung sich etwas bereitwilliger zum Ausgang begibt und auf den

Besucher herabrieselt – sozusagen Gesang unter der Staubdusche. Die Töne erzeugen sie, indem sie – bei eng angelegten Flügeln – ihre indirekte Flugmuskulatur spielen lassen und heftig summen, ohne zu fliegen. Amerikanische Blütenbiologen haben für dieses eigenartige Verhalten den schönen Ausdruck *buzz pollination* geprägt. Auch unsere Hummeln beherrschen das perfekt, die heimische Honigbiene allerdings nicht.

Eine noch wenig beachtete Möglichkeit der Pollenauftragung zeigen die Schmetterlinge: Hier funktioniert die Sache elektrostatisch. Pflanzen sind über ihre wasserführenden Blätter, Stängel und Wurzeln sozusagen von Natur aus geerdet bzw. physikalisch gesehen auf Masse geschaltet. Schmetterlinge erzeugen, wie vermutlich alle Insekten, durch ihren Flügelschlag Reibungselektrizität und sind demnach fliegende Kondensatoren. Landen sie auf einer Blüte, fliegen ihnen die Pollenkörner scharenweise entgegen. Ähnlich ergeht es uns, wenn wir mit den Kunststoffsohlen über den Teppich schlurfen und die metallene Türklinke anfassen. Dann fliegen nicht nur die Funken, sondern auch Tausende von Staubteilchen …

Linnés Blumenuhr

Aufmerksame Spaziergänger und Wanderer wissen das: Die Wald- und Wiesenblumen haben ihre festen Ladenöffnungs- und -schlusszeiten. Die meisten mitteleuropäischen Wildrosen öffnen ihre Blüten zwischen 4 und 5 Uhr. Ab 5 h folgt der Klatsch-Mohn (*Papaver rhoeas*), wenig später die Wegwarte (*Cichorium intybus*), etwa um 6 h die Acker-Gänsedistel (*Sonchus arvensis*), um 7 h die Acker-Winde (*Convolvulus arvensis*) und um 8 h die meisten Ehrenpreisarten (*Veronica* spp.). Schon um 11 h hat der Wiesen-Bocksbart (*Tragopogon pratensis*) schon wieder geschlossen und spätestens um 14 h sehen auch die Blütenköpfe der Wegwarte ziemlich trist aus. Abends geht es weiter: Um ca. 20 h öffnen sich – übrigens mit vernehmlichem Knistern – die Nachtkerzen (*Oenothera* spp.) und weitere nachtblühende Arten.

Diese ausgeprägte Tagesperiodizität war schon Carl von Linné bekannt. Im Jahre 1745 entwickelte er daraufhin seine berühmte Blumenuhr im Botanischen Garten von Uppsala, dessen Direktor er war. Besucher soll er damit verblüfft haben, dass er beim Blick aus seinem Arbeitszimmer anhand des Öffnungszustands der Blüten die Zeit auf ca. 5 min genau ablesen konnte.

Die gärtnerische Literatur bietet vielerlei Vorschläge für die eigene Anlage einer solchen Blumenuhr. Allerdings blühen die vorgeschlagenen Arten nicht alle gleichzeitig. Zeitweilig fehlen der Blumenuhr damit also die Zeiger …

Süße Verführung

Mit ihrem generösen Pollenangebot erinnern die von hungrigen Pollensammlern (im Fall der Bienen und Hummeln sind es jeweils weibliche Individuen) aufgesuchten Blüten irgendwie an Imbissbuden, an denen sich die Tiere preiswert mit Fast Food versorgen können. Das Grundnahrungsmittel Pollen ist dabei eher nichts Besonderes, weil er ohnehin zur Normalausstattung einer funktionstüchtigen Blüte gehört.

Die übliche Imbissbude bietet jedoch auch Flüssiges an. In vielen tierbestäubten Blüten verhält es sich genauso: Das Angebot an die tierischen Besucher umfasst nämlich auch hoch konzentrierte Zuckerlösungen, nur heißen die bei den Blüten nicht Cola oder Limo, sondern Nektar. Es ist der antike Name für die Speisung der Göttlichen auf dem Olymp. Nektar wird in den Blüten von besonderen Drüsen, den Nektarien, sezerniert. Sie sind allerdings nicht sein Entstehungsort, sondern nur die Übergabestation. Alle Bestandteile des Nektars stammen aus der Photosynthese der grünen Laubblätter und werden über die Siebteile der Leitbündel (Phloem) an die Drüsenfelder transportiert und dort freigesetzt.

Nektardrüsen (Nektarien) treten art- bzw. gattungsspezifisch verschieden an fast allen Blütenorganen auf (Abb. 5.17). Als Achsen- oder Diskusnektarien findet man sie bei vielen Bedecktsamigen am Blütenboden. Auch die Wand des Fruchtknotens kann Nektar absondern – so beispielsweise beim Scharfen Mauerpfeffer (*Sedum acre*) oder den Weißwurzarten (*Polygonatum* spp.). Nektardrüsen können aber auch an den Staubblättern bzw. deren Stielchen angebracht sein. Bei den Veilchen (*Viola* spp.) und bei den Lerchenspornarten (*Corydalis* spp.) sondern stark verlängerte Filamentauswüchse den Nektar ab. Fallweise übernehmen sogar die Kronblätter die Nektarproduktion, beispielsweise bei der Kaiserkrone *(Fritillaria imperialis)*. An den Kelchblättern lokalisierte Nektarien finden sich bei den Malven (*Malva* spp.), Linden (*Tilia* spp.) und den Springkräutern (*Impatiens* spp.). Entsprechend diesem Variantenreichtum sind diese besonderen Drüsen auch unterschiedlich gestaltet und bieten insofern ein außerordentlich ergiebiges Thema für die Feinmorphologie der Blüten. Eigenartigerweise korreliert die Form der Nektarien bzw. der Nektarpräsentation mit den oben erwähnten Nektartypen. Die offenen und einfach zugänglichen Blüten vom Dessertschalendesign führen überwiegend FG-Nektare, diejenigen mit verstecktem Angebot in Spornen bzw. Tütchen eher S-Nektare.

Soweit sie tatsächlich in den Blüten auftreten, bezeichnet man sie als (intra) florale Nektarien, um sie begrifflich von den extrafloralen Nektarien zu tren-

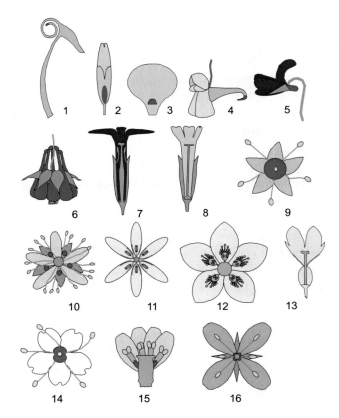

Abb. 5.17 Diversität der Nektarienlage (Nektardrüsen, rot dargestellt) und der Nektardarbietung: 1–3 Nektarblätter: 1 Eisenhut (*Aconitum*), 2 Winterling (*Eranthis*), 3 Hahnenfuß (*Ranunculus*). 4–6 Nektar in Spornen: 4 Nektar im Kelchblattsporn (Springkraut, *Impatiens*), 5 Nektar im Kronblattsporn (Veilchen, *Viola*), 6 Nektar in fünf Kronblattspornen (Akelei, *Aquilegia*). 7–13 Weitere Möglichkeiten: Nektarien an der Basis der Kronröhre: 7 Schlüsselblume (*Primula*) und 8 Enzian (*Gentiana*); 9 ringförmiges Nektarium (Efeu, *Hedera*), 10 Nektarien an den Kelchblättern (Linde, *Tilia*), 11 Nektarien an der Basis der Perigonblätter (Germer, *Veratrum*), 12 Nektarien auf den Staminodien (Herzblatt, *Parnassia*), 13 Nektardrüsenfeld auf der Innenseite der Kronblätter (Schneebeere, *Symphoricarpos*), 14 Nektarien am Griffelpolster (Bärenklau, *Heracleum*), 15 Nektarien auf der Basis der Filamente (Mahonie, *Mahonia*), 16 Nektarien zwischen den Filamenten (Schaumkraut, *Cardamine*)

nen, die an der Pflanze eine gänzlich andere Topografie aufweisen: Sie treten beispielsweise am Blattstiel-Blattspreiten-Übergang der Kirschbäume (*Prunus* spp.) als kleine, je nach Art rötlich oder grün gefärbte, knopfartige Gebilde auf, können aber auch Höckerreihen auf dem Blattstiel sein wie beim Wasser-Schneeball (*Viburnum opulus*) oder unauffällige Verdickungen an den Rändern gezähnter Laubblätter wie beim Birnbaum (*Pyrus communis*). In fast

Abb. 5.18 Viele heimische Obstbäume aus der Familie Rosengewächse (Rosaceae) tragen an ihren Laubblatträndern kleine, knotige Verdickungen, nämlich extraflorale Nektarien. Eine Fliege hat diese ungewöhnliche Nektarquelle entdeckt und beutet sie aus

allen Verwandtschaftsgruppen der Bedecktsamer sind extraflorale Nektarien entdeckt worden, sodass man sie nicht unbedingt als ungewöhnliches Ausstattungsmerkmal auffassen muss. Sogar bei manchen Farnpflanzen hat man sie gefunden, beispielsweise an den Wedeln des Adlerfarns (*Pteridium aquilinum*). Ihre Funktion ist allerdings weitgehend unklar. Diffuse Ventileffekte für das Leitgewebesystem und insbesondere für das den gelösten Zucker aus der Photosynthese der Blätter abführende Phloem sind diskutiert worden oder auch osmoregulatorische Aufgaben. Genaueres weiß man aber immer noch nicht. Eine klarere Funktionszuweisung überzeugt allenfalls in ökologischem Zusammenhang: Bei manchen *Acacia*-Arten der afrikanischen Savanne ernähren sich von den zuckerigen Ausscheidungen der Blattnektarien ziemlich aggressive Ameisen, die alle möglichen saugenden Parasiten von „ihrem" Baum fernhalten. Auch bei den heimischen Pflanzen finden die extrafloralen Nektarien bei manchen Besuchern lebhaftes Interesse (Abb. 5.18).

Ausflugslokal mit Tankstelle

Nektarien sind demnach nichts Ungewöhnliches, aber bemerkenswert ist ihre Einbindung in das Funktionssyndrom Tierbestäubung. Mit ihrem verführerischen Zuckerangebot konnten sich die Blütenpflanzen auch solche

Tiergruppen als Besucher erschließen, die sich wegen des besonderen Baus ihrer Mundwerkzeuge nur leckend und/oder saugend von flüssigem Hochprozentigem ernähren können. Das trifft unter anderem auf viele Zweiflügler (Diptera) und fast alle Schmetterlinge (Lepidoptera) zu. In tropischen Breiten gehören die überwiegend oder ausschließlich nektarkonsumierenden Vögel (Kolibris in der Neuen Welt, Nektarvögel in der Alten), ernährungsspezialisierte Fledermausarten und die mausgroßen Honigbeutler Australiens dazu. Für die Flüssigkonsumenten bietet der Blütennektar ungefähr alles, was eben zu einer ausgewogenen Vollwertdiät gehört.

Früher nahm man an, Nektar enthalte ausschließlich gelöste Zucker, die ja ohne Weiteres zu schmecken sind, wenn man beispielsweise eine Taubnesselblüte auslutscht. Erst relativ spät zeigte die genauere Analytik, dass darin auch jede Menge Aminosäuren enthalten sind, ferner Lipide und natürlich Spurenstoffe. Zucker stellen jedoch immer die Hauptkomponenten. Dünne Nektare mit einem Zuckergehalt von wenig mehr als 5 % finden sich bei der Stängellosen Primel (*Primula vulgaris*), Hochprozentiges bieten Rosskastanie (*Aesculus hippocastanum*) mit bis zu 72 % und Dost (*Origanum vulgare*) mit fast 76 % an. Außer einigen eher seltenen Monosacchariden wie Arabinose und Ribose oder Oligosacchariden wie Maltose und Melibiose enthält die Zuckerfraktion des Nektars vor allem Saccharose (Haushaltszucker), Glucose (Traubenzucker) und die besonders süß schmeckende Fructose (Fruchtzucker). Bei den rund 1000 daraufhin untersuchten Pflanzenarten zeigte sich, dass man die Nektare unabhängig von ihrer Zuckerkonzentration in drei Typen einteilen kann: S-Nektare enthalten mehr Saccharose (S) als Fructose (F) und Glucose (G) zusammen (S > F + G); bei SGF-Typen beträgt das Verhältnis ungefähr 1:1:1, und bei den FG-Nektaren ist nur wenig bis gar keine Saccharose enthalten.

Meilenrekorde im Honigglas

Bei ihren Blütenbesuchen sammeln die Bienen Nektar und/oder Pollen. Mit ihrem Saugrüssel schlürfen sie den Nektar und schicken ihn sofort in einen im Hinterleib gelegenen, etwa stecknadelkopfgroßen und seltsamerweise Honigmagen genannten Behälter. Dieser ist durch einen Ventilverschluss vom anschließenden Darm abgeriegelt. Beim Pollen- und vor allem beim Nektarsammeln muss eine auf Tracht fliegende Arbeitsbiene strikt darauf achten, nur so viel Zuladung aufzunehmen, dass sie ihr höchstzulässiges Startgewicht nicht überschreitet. Das sind bei rund 90 mg Eigengewicht etwa 40 mg Nektar. Andererseits sind die ausbeutbaren Nektarmengen der Blüten meist sehr gering. Eine Sammlerin muss für eine komplette Honigmagenfüllung beispielsweise etwa 1000 Klee- oder 200 Taubnesselblüten anfliegen.

Die beim Blütenbesuch eingesammelte Flüssignahrung ist, auch wenn sie im eigens so bezeichneten Honigmagen der Biene transportiert wird, zunächst immer noch ziemlich flüssig und noch lange kein eingedickter Honig. Dazu wird der Nektar erst auf seinen weiteren Behandlungsstationen. Im Bienenstock würgt die Sammlerin ihr mitgebrachtes Transportgut aus und gibt es an wartende Stockbienen weiter. Beim wiederholten Weiterreichen von Stockbiene zu Stockbiene verringert sich der Wasseranteil des eingebrachten Nektars stufenweise – vergleichbar einer fraktionierten Destillation. Auch bei der anschließenden Speicherung in den Waben verdunstet noch ein Teil des enthaltenen Wassers. Schließlich wird aus etwa drei Teilen Nektar schrittweise ein Teil Honig.

Aus jeder besuchten Blüte gewinnt eine Biene je nach besuchter Pflanzenart und außerdem auch noch tageszeitabhängig etwa 0,1–1 mg reinen Zucker. Ein gestrichener Teelöffel Honig – die soeben auf Ihr Frühstücksgebäck recht zäh abtröpfelnde Menge – entspricht tatsächlich der Tagesleistung von rund zwei Dutzend Sammelbienen.

Rechnet man diesen Wert auf ein 500-g-Honigglas hoch, so müssen die fleißigen Bienen dafür etwa 2 Mio. Blütenbesuche absolvieren. Legt man diesem Tun eine ergiebige Trachtquelle mit vielen eng benachbarten Einzelblüten in etwa 1000 m Entfernung vom Bienenstock zugrunde, ist für die gesamte Sammelleistung eine Flugstrecke von etwa 120.000 km nötig. Das entspricht dem dreifachen Erdumfang bzw. der täglichen Flugleistung eines größeren Teils der Lufthansaflotte. An einem einzigen Sommertag kann ein fleißiges Bienenvolk so viel Nektar zusammenbringen, wie für etwa 1 kg Honig erforderlich ist.

Dessertschale oder Nektartütchen

Die Spezialisten haben endlose Tabellen mit unterschiedlichen Nektarienkonstruktionen zusammengestellt, die sicher von besonderem akademischem Interesse, aber für die Beobachtungspraxis weitgehend entbehrlich sind. Wir gehen hier eher pragmatisch vor und unterscheiden lediglich, wie die Blüten ihr Nektarangebot unterbreiten. Dabei fallen zwei Möglichkeiten auf: Entweder präsentieren sie ihren hoch konzentrierten Zuckersaft offen wie in einer Dessertschale oder sie verstecken ihn und lassen die Besucherinsekten erst ein wenig danach suchen.

Die erstere Alternative findet sich bei allen breit geöffneten, von ihrem Gesamtaufbau her offenschaligen Blüten: Hier wartet der eventuelle reichlich vorhandene Nektarvorrat auf seinen Ausbeuter als große, glitzernde Pfütze am Blütengrund – so beispielsweise zu sehen beim Spitz-Ahorn (*Acer platanoides*, Abb. 5.19), bei den Berberitzen (*Berberis* spp.) oder bei den Johannisbeeren (*Ribes* spp.). Die Blütenbesucher landen auf den betreffenden Blüten und können sich am bereitstehenden Vorrat ohne Umschweife betanken.

Abb. 5.19 Die nicht allzu häufige offenschalige Nektardarbietung findet sich beispielhaft beim Spitz-Ahorn (*Acer platanoides*), dessen zahlreiche Blüten(stände) sich bereits geraume Zeit vor der Laubentfaltung öffnen

Immerhin ist Fliegen ein energieaufwendiges Tun. Bienen nehmen daher einen Teil des zuvor eingesammelten Nektars als Treibstoffvorrat aus dem Stock mit – meist um 2 mg je Arbeiterin und Sammelflug. Hummeln arbeiten besonders energieaufwendig, weil sie sich ständig stark aufheizen und deshalb auch bei kühler Witterung immer startbereit sind. Sie verbrauchen rund 0,07 mg Zucker oder etwa 0,3 cal in der Minute. Daher betanken sie sich immer zuerst mit dem energiedichten Nektar, ehe sie zum Einsammeln von Pollen übergehen. Tankstellen sind beispielsweise die Narben der Tulpe (*Tulipa* spp.), die Staubblattbasis wie bei der Vogelmiere (*Stellaria media*) oder der Kronblattgrund wie beim Sauerklee (*Oxalis* spp.). Bei allen Doldenblütengewächsen trägt der Fruchtknoten einen breiten, ringförmigen Kragen, Diskus genannt, der reichlich Nektar absondert. Ähnlich ist es auch bei der Weinraute (*Ruta graveolens*).

Die weit verbreitete Alternative stellen alle Arten mit röhrig gebauten Blütenkronen dar, die wohl die Mehrheit unter den insektenbesuchten Blütentypen stellen. Hier sind Besucherinsekten mit spezialisierten Mundwerkzeugen (darunter vor allem die Falter) klar im Vorteil, weil sie sich damit zielgenau in die Blüten vertiefen und die meist am Blütengrund entwickelten Nektarien ausbeuten können (Abb. 5.20).

Die andere Möglichkeit des versteckten Nektarangebots findet sich bei vielen Arten mit Spornbildungen. Darunter versteht man röhrenförmige, meist lange und überwiegend nach rückwärts gerichtete Aussackungen bestimmter

Abb. 5.20 Der Zitronenfalter (*Gonepteryx rhamni*) gelangt mit seinem geschickt platzierten Saugrüssel problemlos zu den tiefer gelegenen Nektarquellen

Blütenteile. Bei den Veilchen (*Viola* spp.) ist der vom untersten Kronblatt gebildete Sporn nur das Nektarbehältnis, während das Nektarium eine Ausbuchtung der beiden vorderen Staubblätter ist. Auch bei den heimischen bzw. eingeführten Springkrautarten (*Impatiens* spp.) findet sich ein Sporn mit Nektarfüllung, jedoch entsteht dieser als Aussackung eines Kelchblatts und entwickelt auch gleich die zugehörige Nektardrüse.

Viele Vertreter der Hahnenfußgewächse zeichnen sich durch recht ausgefallene Nektarblätter aus. Bei den Nieswurz- (*Helleborus* spp.) und bei den Schwarzkümmelarten (*Nigella* spp., Abb. 5.21) sowie beim Winterling (*Eranthis hyemalis*) stehen sie zahlreich als grünliche Nektartütchen zwischen den kräftig gefärbten Blütenhüllblättern und den Staubblättern. Sie gelten bei diesen Gattungen als umgewandelte Staubblätter.

Anders stellen sich die Blüten der Akelei (*Aquilegia* spp.) dar: Hier ist jedes der fünf Kronblätter in einen langen, gekrümmten Sporn ausgezogen, der innen eine Nektardrüse enthält. Oft sind die Sporne durch Nektardiebe (vor allem kurzrüsselige Hummeln) zerbissen (Abb. 5.22). Bei den gestaltlich so auffälligen Blüten der Eisenhutarten (*Aconitum* spp.) sind die Kelchblätter blumig und bauen auch den hochgewölbten Helm auf, während von den fünf Kronblättern nur die hinteren beiden als stark vergrößerte Nektarblätter in den Kelchblatthelm ragen. Sehr einfach geht es dagegen bei den Hahnenfußarten (*Ranunculus* spp.) zu: Hier tragen die glänzend gelben oder weißen Kronblätter an der Basis eine kleine Schuppe, hinter der sich die Nektardrüse verbirgt.

Abb. 5.21 Schwarzkümmel (*Nigella damascena*): Zwischen und unter den Staubblättern steht ein Kreis mit tütchenförmigen Nektarblättern bereit

Abb. 5.22 Einzelblüte der Gartenakelei (*Aquilegia* sp.) mit zerbissenen Blütenspornen: Hier waren Nektardiebe am Werk, die mit ihren zu kurzen Saugrüsseln auf regulärem Weg nicht bis in den Sporn gelangen

Eigenartigerweise korreliert die Form der Nektarien bzw. der Nektarpräsentation mit den oben erwähnten Nektartypen. Die offenen und einfach
zugänglichen Blüten vom Dessertschalendesign führen überwiegend FG-
Nektare, diejenigen mit verstecktem Angebot in Spornen und Tütchen eher
S-Nektare. Wenn der Nektar sozusagen nicht gleich an der Haustür angeboten
wird, sondern die Blütenbesucher erst ein wenig danach suchen müssen (was
Lernprozesse und beachtliche -erfolge voraussetzt), erhöht sich die Kontakt-
zeit zwischen Blüte und Bestäuber und damit die Chance der Pollenüber-
nahme bzw. -ablage.

Bei verstecktem Nektarangebot müssen die Blütenbesucher einen genügend langen Saugrüssel haben, um die Vorräte zu erreichen. Bei der Honigbiene ist er ungefähr 6 mm lang, bei der Pelzbiene *Anthophora pilipes* bis
21 mm, beim Taubenschwänzchen (*Macroglossum stellatarum*) 28 mm und
beim Ligusterschwärmer (*Sphinx ligustri*) bis zu 42 mm. Berühmt geworden
ist der 1820 im Regenwald Madagaskars entdeckte Stern von Madagaskar, die
Orchideenspezies *Angraecum sesquipedale*, mit einem über 20 cm langen
Sporn, der am Ende seinen Nektar bevorratet. Charles Darwin untersuchte
diese Art anlässlich der Vorstudien zu seinem 1862 erschienenen Orchideen-
buch und sagte darin voraus, dass es einen Bestäuber mit einem passend langen Rüssel geben müsse. Im Jahre 1903 wurde er tatsächlich entdeckt: Der
Schwärmer *Xanthopan morgani* ist mit rund 25 cm Rüssellänge der Rekordhalter unter den Insekten. Als sich noch niemand für die komplexe Bestäubungsbiologie der Orchideen interessierte, hatte der geniale Charles Darwin die Zusammenhänge längst erkannt.

Die hinsichtlich ihrer Rüssellängen Zukurzgekommenen unter den Insekten müssen sich konsequenterweise mit kürzeren Blütenspornen oder Kron-
röhren abfinden – die Hummelschwebfliege (*Volucella bombylans*) ist mit 8 mm
noch recht gut bestückt, aber in der verwandten Gattung *Syrphus* (3 mm) wird
es eventuell rasch grenzwertig. Selbst dann wissen sich manche Insekten noch
zu helfen: Die relativ große Hummelart *Bombus terricola* besucht auf der Kana-
dischen Goldrute (*Solidago canadensis*) eher die langröhrigen Blüten an der
Basis der Blütenstandsäste, die deutlich kleinere *Bombus ternarius* bei gleich-
zeitigen Sammelausflügen eher die kurzröhrigen auf der Außenposition. Das
sieht nach einer einvernehmlichen Ressourcenaufteilung aus.

Laden und löschen

Obwohl der Pollen im Leben der adulten Falter (Imagines) völlig bedeutungs-
los ist, sind Tag- und natürlich auch Nachtfalter in jedem Fall unentbehrliche
Pollenüberträger und für das Überleben der Blütenpflanzen insofern enorm

Abb. 5.23 Der Distelfalter (*Vanessa cardui*) hat sich im Blütenstand der Zinnie (*Zinnia* sp.) passenderweise die noch nektarführenden Röhrenblüten ausgesucht

wichtig. Fast alle Tagfalter sind meist relativ behäbige Flieger. Sie setzen sich beim Blütenbesuch in aller Ruhe hin und lenken dann ihren Saugrüssel in die überwiegend am Blütenboden angesammelten Nektarvorräte (Abb. 5.23). Dabei berühren sie mit ihrem gewöhnlich behaarten Vorderkörper die meist etwas über den Kronenrand vorragenden Staubblätter und beladen sich dabei unterseits vor allem im Bereich der Brustsegmente zwangsläufig mit Pollenkörnern. Bei der Landung auf einer weiteren Blüte, die sich eventuell in einem anderen Funktionszustand befindet (oft reifen zuerst die männlichen und erst Tage später die weiblichen Funktionsteile heran), erreichen sie wenige Augenblicke später zuverlässig die Narben der gleichen Art und laden dort zielgenau eine passende Pollenportion ab.

Ähnlich verläuft die Pollenübertragung durch Nachtfalter. Vor allem die Eulenfalter haben dabei aber folgende bemerkenswerte Eigenart entwickelt: Sie halten sich zwar mit ihren Beinen an Teilen der Blütenkrone fest, flattern beim Nektartanken aber heftig und unentwegt weiter und sitzen dabei keinen Augenblick wirklich still. Das wirkt zwar ziemlich hektisch, garantiert aber andererseits eine optimale Pollenaufladung bzw. -übertragung. Bei der auch tagaktiven Gammaeule kann man dieses Verhalten eindrucksvoll beobachten.

Abb. 5.24 Taubenschwänzchen (*Macroglossum stellatarum*) gehören zu den wenigen tagaktiven Schwärmern. Überaus erstaunlich ist, wie der Falter im Schwirrflug seinen langen Saugrüssel zielgenau in eine röhrige Blüte vertieft. In dessen mittlerem Teil sind anhaftende Pollenkörner eines vorherigen Blütenbesuchs angeheftet

Noch beeindruckender sind indessen die Schwirrflüge der Schwärmer – beim ausnahmsweise ebenfalls tagaktiven Taubenschwänzchen (*Macroglossum stellatarum*) kann man die einzelnen Flügelschläge zeitlich sogar nicht mehr auflösen. Manche Beobachter halten diese besondere Art gar für einen Kolibri, zumal sie meist im Schwirrflug vor den Blüten verharrt (vgl. Kapiteleingangsbild und Abb. 5.24). Diese Schwärmer übertragen den Pollen natürlich mit dem Rüssel – wie auf dem Bild zu sehen – und eventuell auch mit den besonders langen Vorderbeinen, die mitunter doch zum Festhalten an Blütenteilen eingesetzt werden. Angesichts der energieaufwendigen Schwirrflüge verwundert es übrigens nicht, dass die Schwärmer in relativ kurzer Zeit möglichst effektiv Nektar tanken müssen. Beim geradezu rasanten Taubenschwänzchen hat man innerhalb von 5 min tatsächlich über 100 und wohl meist auch erfolgreiche Blütenbesuche gezählt.

Nur sehr wenige Nachtfalter nehmen überhaupt keine Nahrung mehr auf. Ihre oft recht kurze Flugzeit dient nur der Reproduktion und dafür reicht oft die Energiereserve (meist Fette), die sie sich schon als Raupe angefuttert haben. Dazu passt, dass ihre Mundwerkzeuge gänzlich reduziert sind. Ein prominentes Beispiel für diese eigenartige Strategie ist das hübsche Abendpfauenauge (*Smerinthe ocellata*). Ähnliche Verhältnisse trifft man indessen auch bei weiteren Arten unter den Schwärmern an.

Ganz aus der Nähe betrachtet

Insekten sind zweifellos die mit Abstand artenreichste Verwandtschaft im Tierreich. Vermutlich konnten sie sich nur deswegen so überaus und geradezu verwirrend typenreich entwickeln, weil sie sich im Laufe ihrer Evolution bemerkenswert erfolgreich so gänzlich unterschiedliche Nahrungsquellen erschlossen haben. Das setzte wiederum eine entsprechende Ausgestaltung und Angepasstheit ihrer Mundwerkzeuge in zum Teil recht komplizierte Gebilde voraus.

Fast immer lassen sich die Mundwerkzeuge der geflügelten Insekten auch nach eventuell durchgreifend umgestaltender Spezialanpassung auf den kauend-beißenden Allgemein- oder Grundtyp zurückführen, wie ihn die Vertreter relativ ursprünglicher Verwandtschaftskreise (wie Heuschrecken oder Schaben) zeigen (Abb. 5.25). Die am vorderen Kopf angebrachten und nur in der genaueren Lupenbetrachtung gut erkennbaren Teile umfassen im Wesentlichen immer drei Funktionsbereiche: Auf die unpaare, direkt am Kopfschild ansitzende Oberlippe (Labrum) mit oft weichhäutigen Innenteilen folgen:

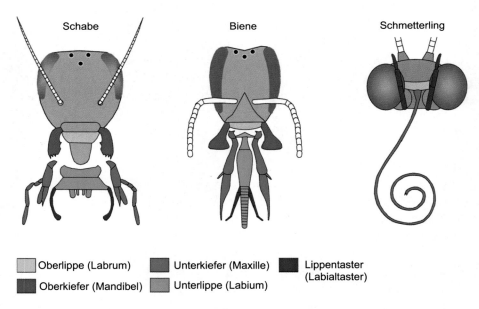

Oberlippe (Labrum)   Unterkiefer (Maxille)   Lippentaster (Labialtaster)

Oberkiefer (Mandibel)   Unterlippe (Labium)

Abb. 5.25 Grundbauplan der Insektenmundwerkzeuge bei der Schabe (Ordnung Blattariae) und ihre Abwandlung bei Hautflüglern (Biene) sowie Schmetterlingen

- die ungegliederten Oberkiefer (Mandibeln) zum Zerkleinern der Nahrung.
- die gegliederten Unterkiefer (vordere Maxillen = Maxillen 1) zur Nahrungsaufnahme; sie (können) aus einer Außen- und einer Innenlade bestehen und tragen ferner einen langen, gegliederten Taster (Palpus).
- Den Mundraum schließt nach rückwärts die Unterlippe (Labium) ab. Man bezeichnet sie auch als hintere Maxillen oder Maxillen 2. Meist verwachsen sie während der Entwicklung des Insekts entlang einer Mittelnaht zu einem einheitlichen, aber gegliederten Gebilde. Auch hier können paarige Taster angebracht sein (Abb. 5.25).

Dieses Basisarrangement, wie es die schematisch vereinfachende Abbildung zeigt, ist bei den verschiedenen Insektenordnungen vielgestaltig abgewandelt worden, bei den Stechmücken und Raubwanzen beispielsweise zu langen, schmalen Stiletten. Die Details der jeweiligen Umwandlung sind jeweils charakteristisch für die einzelnen Insektenordnungen. Bei den ausschließlich nektarsaugenden Schmetterlingen ist es dagegen weitgehend vereinfacht und besteht praktisch nur noch aus dem aufrollbaren, langen Rüssel. Bei den weitaus meisten Schmetterlingen sind Oberkiefer und Unterlippe weitgehend zurückgebildet. Nur der Unterkiefer ist kräftig entwickelt – er bildet mit seinen beiden mittleren Fortsätzen den oft sehr langen Saugrüssel – ein geradezu unglaubliches Wunderwerk der Natur, das so tatsächlich nur bei den Schmetterlingen vorkommt.

Schneidet man einen Schmetterlingsrüssel quer durch und betrachtet ihn unter dem Mikroskop oder mit einer stärker vergrößernden Lupe, erkennt man auf der Schnittfläche zwei im Prinzip mondsichelförmige und symmetrische Strukturen. Sie legen sich so aneinander, dass in der Mitte dazwischen ein Hohlraum entsteht. Das ist das zentrale Saugrohr, durch das die Falter den Nektar einsaugen. In den beiden rechts und links verlaufenden Röhren verlaufen Nerven, Blutbahnen (Leitungen für die insektentypische Hämolymphe) und einige Muskelstränge (Abb. 5.26).

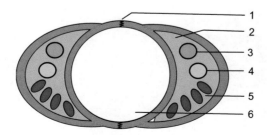

Abb. 5.26 Anatomie des Saugrüssels eines Schmetterlings im Querschnitt: 1 Klettstelle zwischen den beiden Galeahälften, 2 Hämolymphe, 3 luftgefüllte Trachee, 4 Rüsselnerv, 5 Muskeln, 6 effektes Saugrohr

Obwohl der Rüssel aus zwei nicht dauerhaft miteinander verwachsenen Teilen besteht, ist die zentrale Saugröhre absolut dicht – beim Saugakt geht also überhaupt kein wertvoller Nektar verloren. Die beiden Rüsselhälften haften durch eine Art Klettverschluss erstaunlich fest aneinander und weichen auch dann zuverlässig nicht auseinander, wenn beim Saugakt der Innendruck ansteigt.

Wenn ein Falter eine ergiebige Nektarquelle entdeckt und angeflogen hat, setzt er sich auf die Blütenkrone und streckt seinen Saugrüssel entrollend aus. Das geschieht einerseits sozusagen hydraulisch – nämlich durch Druckerhöhung in den beidseits flankierenden Hohlräumen des Saugrohrs, in die nun Blutflüssigkeit (Hämolymphe) gepumpt wird. Zusätzlich unterstützen die hier verlaufenden und bezeichnenderweise schräg gestellten Muskeln das Ausfahrmanöver. Das geschieht so bewundernswert präzise, dass die suchende Rüsselspitze auch sehr enge Blüteneingänge fast augenblicklich und absolut zielsicher trifft. Das elegante Taubenschwänzchen und andere Vertreter der Schwärmer schaffen das sogar im komplizierten Schwirrflug vor der Blüte (vgl. Abb. 5.24). Beim Saugvorgang verformen die Muskeln den Rüsselquerschnitt nun zu einer bohnenförmigen Querschnittfigur. Der Nektar strömt alsbald ungehindert durch das zentrale Saugrohr, weil sich die Schlundabschnitte im Kopfbereich durch Muskeltätigkeit rhythmisch erweitern und dadurch wie eine Saugpumpe funktionieren.

Ist die Nektaraufnahme beendet, rollen die Falter ihren Rüssel augenblicklich wieder ein. Dieser Ablauf funktioniert tatsächlich rein passiv und ohne jegliche Beteiligung der Muskulatur. Wirksame Kraft ist dabei allein ein besonders elastisches, als stabförmige Feinstruktur in die Außenwand jeder Rüsselhälfte eingelassenes Protein (Resilin genannt). Dessen Rückstellkraft ist so zuverlässig wie eine stählerne Uhrfeder und bringt den Rüssel sofort wieder in seine charakteristische Ruheposition – und auch die ist bewundernswert: Sie entspricht nämlich aus seitlicher Ansicht exakt einer archimedischen (und somit logarithmischen) Spirale. Ein Wunder der Natur? Mit Sicherheit …

Seltsamer Tannenhonig

Tannenhonig? Wer spendet denn hier den Blütennektar, wo doch Tannen, Fichten und sämtliche übrigen heimischen Nadelhölzer grundsätzlich Windblütige sind und für ihre Pollenverbreitung gar keine tierische Bestäubungshilfe benötigen? Produzieren die Nadelbaumblüten am Ende trotzdem süßen Nektar als Lockspeise für ihre Gäste?

Nein, machen sie nicht. Die Blütenbiologie der Windblütigen, die mit einfachster Blütenarchitektur auskommen, stimmt auch in diesem Fall. Die Quelle des süßen Ernteguts, das Bienen und andere von Fichten, Kiefern, Lärchen und Tannen eintragen, sind nämlich saugende Blattläuse. Sie sitzen ab Frühsommer eventuell zu Tausenden an den Zweigen, stechen mit ihrem Rüssel die Stoffleitbahnen in den Blättern des Baums an und lassen sich mit Zuckersaft aus der photosynthetischen Produktion der Nadelblätter volllaufen. An sich sind sie gar nicht so sehr an der Zuckermasse interessiert, sondern an anderen wichtigen Nährstoffen, die ebenfalls in den Stoffleitbahnen der Pflanzen fließen, aber nur in geringer Konzentration vorhanden sind. Den überschüssigen und also nicht brauchbaren Zuckersaft lassen die Blattläuse daher unverdaut durch sich hindurchfließen und scheiden ihn einfach als konzentrierte Lösung aus – Blatttau oder Honigtau nennt man diese zuckerig-klebrigen Ausscheidungen. Man findet sie im Sommer zuverlässig auch auf der Frontscheibe des Autos, das man unter der schattenspendenden Linde oder Rosskastanie geparkt hat. Auf den Laubblättern bildet der in der Tageshitze eintrocknende Zuckersaft eine glänzende Glasur.

Was der Imker eine Blatt- oder Honigtautracht nennt, könnte man etwas überspitzt – pardon – als Blattlausfäkalien bezeichnen. Außer den Bienen sind übrigens noch viele weitere Insekten an den Blattlausausscheidungen interessiert. Falls Sie einmal eine Ameisenstraße über Stängel und Zweige Ihrer Gartenpflanzen bemerken, führt diese bestimmt zu den weiter oben saugenden Blattläusen. Manche Blattlausarten brauchen sogar die Hilfe der Ameisen, um ihre Zuckersaftbeladung abspritzen zu können.

Die eigene Ölquelle

Pollensäcke und Nektardrüsen unterbreiten den tierischen Blütenbesuchern für ihre Fouragetouren ein sowohl qualitativ wie quantitativ alle Ernährungsbedürfnisse zufriedenstellendes Angebot. Manche Blüten setzen aber noch eins drauf. Gemeint sind nicht die in den anrührenden, um die vorletzte Jahrhundertwende erschienenen Darstellungen oft so benannten Beköstigungsantheren oder Futterhaare, die es für diesen Zweck so gar nicht gibt, sondern sozusagen ein Sonderangebot, das bei den Blütenpflanzenarten Mitteleuropas nur sehr wenig verbreitet ist. Daher wurde es auch nicht in der heimischen Flora entdeckt. Vielmehr durchschaute der verdienstvolle Mainzer Blütenbiologe Stefan Vogel (1925–2015) in den 1970er-Jahren diese weitere Angebotslage erstmals am Beispiel südamerikanischer Arten: Manche Blüten produzieren statt oder ergänzend zu Pollen und Nektar in speziellen Drüsenfeldern auch fette Öle. Das passt irgendwie zu dem Vergleich, wonach die Blüte für ihre Besucher im Prinzip eine ergiebige Imbissbude ist, die auch Fettiges anbietet.

Das Lipidangebot der Ölblumen besteht aus den Glyceriden von meist ungesättigten Hydroxyfettsäuren. Die Blüten bieten sie in speziellen

Abb. 5.27   Die heimischen Gilbweideriche (*Lysimachia* spp.) gehören in unserer Flora zu den ganz wenigen Arten, die in ihren Blüten an den Staubblattstielchen fette Öle (Lipide) als Nahrungsangebot für spezialisierte Besucherinsekten bereithalten

Drüsenfeldern (Elaiophoren) an. Ein für die eigene Beobachtung gut erreichbares Beispiel sind die aus Südamerika stammenden Pantoffelblumen (*Calceolaria tripartita*), die man heute in eine eigene Familie stellt. Ihre Ölquelle liegt am oberen Innenrand der pantoffelförmig gewölbten Unterlippe. Die in Mitteleuropa als Wild- und Zierpflanzen weit verbreiteten Gilbweidericharten (*Lysimachia* spp.) produzieren ihr fettes Öl in zahlreichen Drüsenhaaren an den Staubblattfilamenten (Abb. 5.27).

Dieses besondere Nahrungsangebot nutzen nur wenige Arten. Bei den *Lysimachia*-Arten sind nahezu ausschließlich die Weibchen der zu den Solitärbienen gehörenden *Macropis*-Arten zu Gast. Sie sammeln feine Öltröpfchen mit den Vorderbeinen ein, vermischen sie mit Pollen, platzieren sie irgendwo an geschützter Stelle und legen ein Ei darauf. Damit ist die Ernährung der Bienenlarve bis zur Verpuppung gesichert.

6

Farben, Düfte und sonstige Verlockungen

Die bürgerliche Begrifflichkeit bezeichnet als Mauerblümchen leicht verächt-
lich unscheinbare, kaum wahrgenommene und eventuell auch nicht weiter
wahrnehmenswerte (überwiegend weibliche) Wesen. Welche Fehldiagnose!
Schon das Mauer-Leinkraut (*Cymbalaria muralis*) widerlegt diese eigenwillige
Konnotation mit mehreren Attributen, von anderen hübschen Mauersiedlern
wie Kartäuser-Nelke (*Dianthus carthusianorum*) oder Mauerpfeffer (*Sedum
sexangulare*) einmal ganz abgesehen. Die nicht nur in der Nahperspektive ausgesprochen hübschen Blüten zeigen ein vielfältiges adressatenoptimiertes Design, das nur dem ignoranten oder flüchtigen Beobachter verborgen bleibt.

Wer etwas anzubieten hat und eine Gegenleistung erwartet, muss es nach außen entsprechend wirksam darstellen. Windblütige Arten benötigen keine ausufernden Werbekampagnen. Sie können es sich tatsächlich leisten, in den verschiedenen Grünnuancen ihrer Umgebung schlicht unterzugehen oder sogar gänzlich unbemerkt zu bleiben, denn ihr abiotisches Bestäubungssystem funktioniert in jedem Fall hinreichend zuverlässig. Das kommt ausnahmsweise sogar bei Orchideen vor. Die extrem seltene australische *Rhizantella gardneri* wächst zeitlebens unterirdisch als Partnerin von Bodenpilzen und entwickelt ihre unscheinbaren erdbraunen Blüten erst, wenn in der Trockenzeit Bodenspalten aufbrechen. Sie ist definitiv das Aschenputtel in ihrer weiteren Verwandtschaft.

Die auf biotische Bestäubung festgelegten Pflanzenarten müssen dagegen gänzlich anders vorgehen und nachhaltig bemerkbare Werbekampagnen starten (Abb. 6.1). Weil sich ihre potenziellen Besucher und Bestäuber im Wesentlichen über die Augen orientieren, machen solche Blüten im Hinblick auf ihre Kundenkreise eine Menge Aufhebens von sich – sie heben sich mit heftigen Farbakzenten und auch sonst üppiger Gesamtaufmachung visuell möglichst wirksam von ihrer Umgebung ab. Die oftmals unglaublich pompös erscheinenden Blumen in Gärten und Parks kann man dafür nicht unbedingt als Maßstab nehmen, obwohl auch sie natürlich mächtig beeindrucken. Hier haben die Pflanzenzüchter am Erscheinungsbild kräftig nachgeholfen und entwickeln auch weiterhin ständig neue Sorten in zuvor nie dagewesenen Formen und Farbstellungen. Lassen wir die Starmannequins der Gartenschauen

Abb. 6.1 Plakative Aufmachung pur: Einzelblüte des Blutroten Storchschnabels (*Geranium sanguineum*) in Nahperspektive

und Sortimentkataloge einmal getrost aus dem Blick. Überzeugend sind nämlich auch die vielen Blumen, die von den alpinen Matten bis zu den Salz-
wiesen an der Küste mit einem äußerst dekorativen Outfit erfreuen. Ihr ge-
samter optisch-visueller Auftritt hat nur das eine Ziel, kompetente Bestäuber
anzulocken. Bevor es auf der Erde Bedecktsamer gab, sah die festländische
Welt ungefähr so aus wie ein üblicher japanischer Garten – einfach, ruhig,
grün und ein wenig melancholisch. Erst nachdem sich die Angiospermen mit
ihren großen Blüten entwickelt hatten, wurde die Erde ein wirklich bunter
Garten. Farben und Formen sind das florale Fanal für Futter.

Was Blüten so im Schilde führen

Bekanntlich kommen keine Imbissbude und erst recht kein Landgasthaus
ohne Reklame aus. Selbst eine gewöhnliche Dorf- oder Stadtkneipe benötigt
ein werbewirksames Aushängeschild mit der wichtigen Aufgabe der Besucherlenkung. Aus exakt dem gleichen Grunde sind die ursprünglich unauffälligen,
weil mit abiotischen Pollenvektoren arbeitenden Blüten zu ungemein attraktiven Blumen geworden, die mit allerhand optischen Mitteln Aufmerksam-
keit erregen und besondere Signaladressen an ihre potenziellen Besucher richten (Abb. 6.2). Diese werden wir weiter unten in diesem Kapitel genauer analysieren.

Andererseits sind weder Insekten noch die übrigen als Blütenbesucher in-
volvierten Tiergruppen mit Sicherheit keine stumpfen Kostgänger, die gleichsam automatisch auf eine nur simpel farbige Blüte reagieren. Sie erlernen in-
dividuell aus Erfahrung den Zusammenhang, welche Blüte besonders ergiebige Nektar- und/oder Pollenvorräte im Schilde führt. Farbwertigkeit und
Farbsättigung der Blüten sind dabei besonders relevante Größen. Bezeichnenderweise sind in unseren mitteleuropäischen Breiten die spektral reinen Rot-
töne unter den Blütenfarben deutlich unterrepräsentiert, weil die meisten
Blütenbesucher unter den Insekten (darunter vor allem die in dieser Hinsicht
seit Karl von Frisch [1886–1982, Nobelpreis für Physiologie oder Medizin
1973] hervorragend untersuchten Honigbienen) rotblind sind. In tropischen
Regionen sind dagegen Rotblüher prozentual wesentlich häufiger, weil ihre
Signalempfänger unter anderem die erwiesenermaßen sehr rottüchtigen
Nektarvögel (Gebiete der Alten Welt) oder Kolibris (Neue Welt von Feuer-
land bis Alaska) sind. Sollten Sie in der heimischen Flora dennoch heftig rote
Blüten antreffen, sind diese entweder nicht spektral rein rot oder führen zusätzliche Signalmarken, die wir mit unseren Augen eventuell nicht wahrneh-
men können.

Abb. 6.2 Blumige Blüten sind keine undifferenzierten Farbkleckse, sondern bieten erstaunlicherweise differenzierte Bedienungsprogramme an. Im Bild: Die beliebte Balkonkastenart Nemesie (*Nemesia* sp.)

Die Chemie muss stimmen

Es mag paradox erscheinen, aber um wirksam aufzufallen genügt es auch tatsächlich, überhaupt keine Farbe einzusetzen und sich einfach weiß zu gewanden. Weiß ist nach physikalischen Kriterien keine definierte Farbe, sondern ein wilder Wellenlängenmix mit allen Qualitäten des Regenbogenspektrums. Bei weißen Blüten ist keine komplexe Pigmentchemie beteiligt – sie erscheinen nur deswegen so blütenrein im Sinne der Waschmittelwerbung, weil sie das „weiße" Tageslicht ähnlich wie frisch gefallener Schnee total reflektieren (Abb. 6.3). Die inneren Blütenblattgewebe sind nämlich von zahlreichen mikroskopisch kleinen Zellzwischenräumen (Interzellularen) durchzogen. Diese sind mit Luft gefüllt und jede kleine Luftblase wirkt in wässriger Umgebung an ihrer Oberfläche wie ein Spiegel. Dieser Effekt erklärt auch das silbrige Aussehen der Gasbläschen, die im Mineralwasser (oder Champagnerglas …) aufperlen.

Drückt man nämlich ein reinweißes Kronblatt mit dem Fingernagel platt oder hilft man gar mit einem kräftigen Hammerschlag nach, ent-

Abb. 6.3   Reinweiße Blüten einer Vogel-Kirsche (*Prunus avium*): Der Gesamteindruck „weiß" ergibt sich aus der Totalreflexion an den luftgefüllten Interzellularen und Zellgrenzen der Mesophyllgewebe

Abb. 6.4   Kräftige, aber differenzierte Ausfärbung des Blütenstands eines Schmuckkörbchens (*Cosmea* sp.) – Flavonoide (Anthocyane) in den Randblüten, Carotinoide im Zentrum

weicht die Luft und der Rest sieht dann eher glasig-trüb aus wie ein matschiger Schneeball, aus dem ebenfalls die Luft raus ist.

Für echte Farbeffekte zwischen pastellig und pastos setzen viele Blütenblätter wirklich Pigmente ein und bekennen damit klar Farbe (Abb. 6.4). Diese sind immer in Zellen gebunden und finden sich entweder als lipidlösliche Plastidenfarbstoffe (gelbe bis orange Carotinoide) oder als wasserlösliche Vakuolenfarbstoffe aus den interessanten Naturstoffgruppen der Flavonoide bzw. der Betalaine (Abb. 6.5, Abb. 6.6). Die Flavonoide können als Anthocyane vorliegen und liefern dann, abhängig von geringfügigen Umbauten im Molekül, die gesamte Palette von hellrosa (Weg-Malve) über kräftig pink (Kartäuser-Nelke) bis knallrot (Klatsch-Mohn) und tief dunkelblau (Enzian). Liegen sie als Flavon oder als Flavonole vor, ergeben sie nicht allzu auffällige gelbliche bis hellgelbe Farbtöne (Abb. 6.4).

Die Betalaine sind eine erfolgreiche Alternative zu den Flavonoiden und kommen mit diesen niemals gemeinsam in der gleichen Pflanzenart vor (Abb. 6.7). Benannt sind sie nach der äußerst farbintensiven Roten Bete (*Beta vulgaris*), einer typischen Hypocotylknolle unter den heimischen Nutzpflanzen. Man findet diese Pflanzenpigmente, die sich aus dem Stoffwechsel der aromatischen Aminosäuren ableiten, nur in den wenigen Pflanzenfamilien der Ordnung Caryophyllales mit Ausnahme der Nelkengewächse (Caryophyllaceae) selbst – die symbolträchtige rote Nelke führt also ausnahmsweise Anthocyane. Betalaine tragen in ihrem Ringsystem eine positive Ladung und

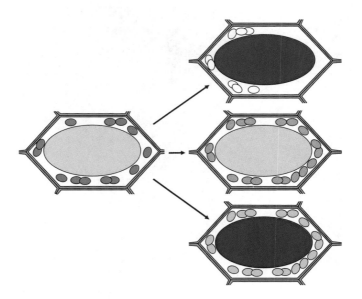

Abb. 6.5 Wie Blütenblätter bunt werden: In der Knospe sind die Blütenhüllblätter durch Chloroplasten meist noch grün (links). Die Chloroplasten werden abgebaut und zu farblosen Leukoplasten (Amyloplasten; rechts oben) oder sie wandeln sich durch Einlagerung von Carotinoiden zu Chromoplasten (rechts Mitte). Die wassergefüllte Vakuole wird durch Anthocyane oder Betalaine gefüllt (rechts oben und unten)

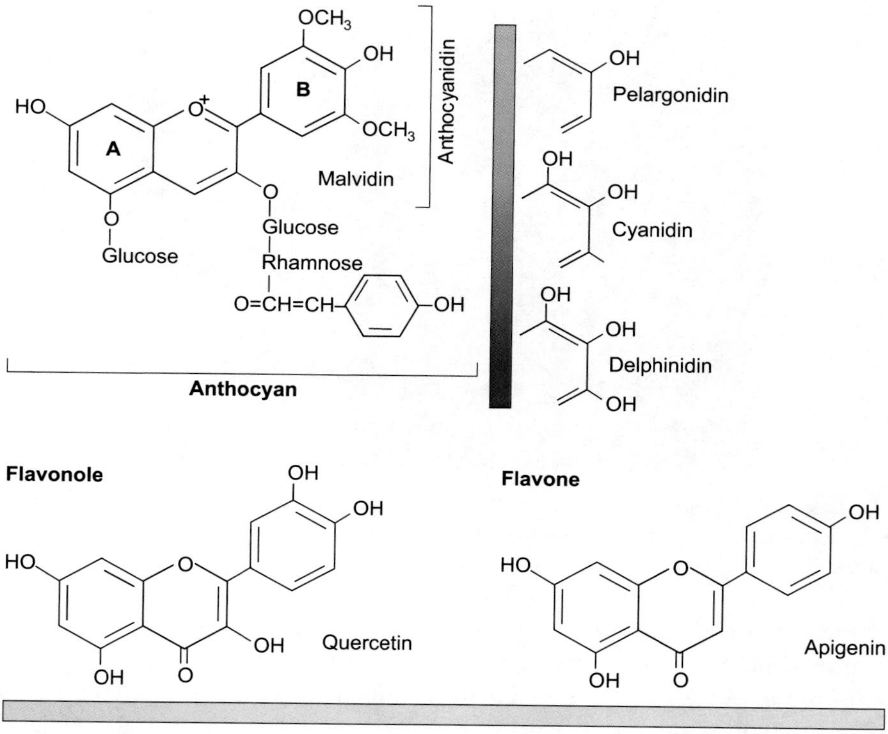

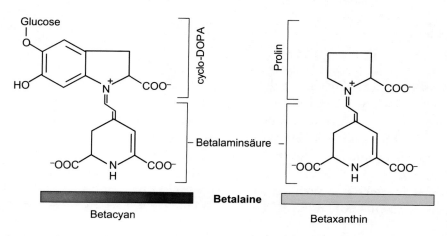

Abb. 6.6 Flavonoide bestehen aus komplexeren Ringmolekülen, die auf verschiedenen Stoffwechselwegen entstehen; sie erreichen ihre variantenreichen Farbnuancen durch unterschiedliche Substitutionsmuster am B-Ring

Abb. 6.7 Und noch ein Griff in den Farbkasten: Die Betalaine sind die farbliche Alternative zu den Flavonoiden. Sie leiten sich aus dem Stoffwechsel der aromatischen Aminosäuren ab und sind immer positiv geladen

Abb. 6.8 Die wegen der farbintensiven Hochblätter als Zierpflanzen zunehmend beliebten Bougainvillien (*Bougainvillea* sp.) führen Betalaine in ihrer rötlichen Farbstellung

können daher von den nur schwach geladenen Flavonoiden durch Hochspannungselektrophorese leicht getrennt werden.

Interessanterweise kommen auch sie in einer roten oder blauen Farbstellung als Betacyane vor wie bei den Bougainvillien (Abb. 6.8) sowie als kräftig gelbe Betaxanthine wie bei vielen Kakteenblüten.

Die Vakuolenpigmente Flavonole und Betalaine erreichen zusammen mit den plastidengebundenen Carotinoiden eine schier unerschöpfliche Nuancierung. Überraschenderweise sind auch die für die Laubblattregion typischen Chlorophylle bei manchen Pflanzenarten als Designhilfen im Einsatz, so beispielsweise beim Schneeglöckchen (*Galanthus nivalis*, Abb. 6.9).

Dabei setzen die Blattorgane auch noch weitere interessante farbphysikalische Effekte ein wie die additive und die subtraktive Farbmischung, deren Details wir hier jedoch weitgehend ausblenden können. Nur ein bemerkenswerter Effekt sei erwähnt: In manchen Tulpen findet sich in den Blüten ein kräftig pigmentiertes Farbmal, in dessen Zentrum sich die roten Anthocyane und die kräftig gelben Carotinoide so überlagern, dass das Blütenzentrum tiefschwarz erscheint (subtraktive Mischung, Abb. 6.10). Nur am Berührungssaum bleibt ein intensiv gelb gefärbter Farbstreifen nur aus Carotinoiden. Die Farbfolge Schwarz – Gold – Rot ist heraldisch korrekt und

Abb. 6.9 Die ansonsten reinweißen inneren Perigonblätter des Schneeglöckchens (*Galanthus nivalis*) tragen eine kräftige Farbmarkierung aus Zellen, die mit Chlorophyllen beladen sind

Abb. 6.10 Subtraktive Pigmentierung mit Erzeugung schwarz erscheinender Blütenbereiche bei einer Form der Garten-Tulpe (*Tulipa gesneriana*)

entspricht exakt der belgischen Nationalflagge, wohingegen die deutschen Nationalfarben die falsche Farbreihung zur Schau tragen …

Ausgeschüttelt: Blütenfarbstoffe im Zweiphasensystem

Lipophile und hydrophile Blütenfarbstoffe lassen sich auf einfache Weise experimentell unterscheiden. Einige kräftig gefärbte Blütenblätter (Kronblätter) zerkleinert man in einer Reibschale (Mörser) zunächst trocken durch Zerreiben mit Quarzsand und extrahiert anschließend unter weiterem Zerreiben in der Mischung Ethanol (96 %ig) – Aceton = 10:2 sowie einigen Spritzern Salatessig. Die so erhaltene Pigmentrohlösung wird über einen Kaffee- oder Teefilter in ein Reagenzglas (RG) filtriert.

Etwa 2 ml dieses Extrakts versetzt man in einem sauberen RG mit ca. 2 ml Wasch- oder Feuerzeugbenzin und schüttelt vorsichtig. Nach der gründlichen Vermischung gibt man rasch etwa 5 ml H_2O hinzu. Sofort setzt im RG eine Phasentrennung in eine spezifisch leichtere Oberphase aus Benzin (apolar) und eine schwerere wässrige Unterphase (polar) der verwendeten Extraktionslösemittel ein. Damit vollzieht sich gleichzeitig eine Verteilung der Pigmente aus dem Rohextrakt. Die lipophilen (hydrophoben) Carotinoide reichern sich innerhalb kurzer Zeit in der apolaren Benzinoberphase an. Die wässrige und daher polare Unterphase nimmt dagegen die hydrophilen Anthocyane oder Betalaine auf.

Das Prinzip Zielscheibe

Allein ein heftiger Farbklecks auf einem neutralgrünen Hintergrund macht kaum hinreichend neugierig und lockt auch keine größeren Besuchermengen an. Tatsächlich ist die optische Gesamterscheinung einer Blüte bei genauerem Hinsehen deutlich mehr als nur ein simpler, farbgesättigter Blickfang oder visueller Aufreißer. Blüten versorgen ihre potenziellen Besucher nämlich gerade im optisch-visuellen Bereich mit allerhand nützlichen Zusatzinformationen – sie bieten sozusagen eine zielführende Gebrauchsanleitung. Anstelle eines nur plakativ wirkenden und ansonsten weitgehend undifferenzierten Farbflecks erweisen sich bei näherem Hinsehen fast alle Blüten als Gebilde mit hochgeordneten Einzelstrukturen, die allesamt besondere Signalfunktionen übernehmen können. Blüten praktizieren somit in bewundernswerter Weise ein äußerst effizientes Kommunikationsdesign.

Wer durstig oder hungrig ist und ein Gasthaus ansteuert, möchte verständlicherweise nicht lange nach dem Eingang suchen müssen (Abb. 6.11). Exakt diese Minimalinformation bietet die Blüte auch dem anfliegenden Insekt.

Abb. 6.11 Das Zielscheibenprinzip am Beispiel der Glockenrebe (*Ipomoea coerulea*) – wo genau die nahrungspendende Mitte liegt, ist einfach nicht zu übersehen

Wie gezielte Versuche unter anderem mit Schwebfliegen gezeigt haben, ist als vor allem hochwirksame Lenk- und Landehilfe beispielsweise die farblich kontrastbetonende Unterscheidung zwischen dem Blütenzentrum und der Blütenperipherie der Blütenkrone. Nahezu alle insektenbestäubten Blüten färben ihre für die potenziellen Besucher ausschließlich interessante Mitte der Blütenkronen – hier befinden sich die Pollenkornvorräte und/oder das Nektarangebot – entweder deutlich heller oder wesentlich dunkler aus als die umgebenden Randbereiche (Abb. 6.11 und 6.12, vgl. auch Abb. 6.2).

Wir nennen diese auffällige Farbkontrastierung hier das Zielscheibenmuster, weil es in seinem Basisdesign exakt der Geometrie einer Ziel- bzw. Schießscheibe vom Schützenfest gleicht. Das Zielscheibenprinzip ist in seiner typischen Ausprägung innen hell/außen dunkler bei einer kritischen Umschau fast überall in der heimischen Flora verbreitet – es ist geradezu eine universelle, aber meist nicht verstandene Erscheinung. Man findet es also beim Wiesen-Storchschnabel (*Geranium pratense*, Abb. 6.13) ebenso wie – gleichsam als Negativkontrastierung – beim Reiherschnabel (*Erodium cicutarium*, Abb. 6.14).

Abb. 6.12 Mitunter sind die Helligkeitsunterschiede auch umgekehrt wie bei der dunklen Blütenmitte und der hell kontrastierenden Peripherie in den Blüten des Bilsenkrauts (*Hyoscyamus niger*)

Abb. 6.13 Der Hell-Dunkel-Kontrast in der Blüte des Wiesen-Storchschnabels (*Geranium pratense*) weist den Blütenbesuchern schon aus gewisser Distanz den sicheren Weg zum Nahrungsangebot

Abb. 6.14 Farbkräftige Wegweiser im Blütenkronendesign: Kontrastprogramm zwischen innen und außen beim Reiherschnabel (*Erodium cicutarium*)

Nicht selten erreichen die Blüten ihre Zielscheiben-Farbkontrastierung durch unterschiedliche Ausfärbung der Blütenorgane verschiedener Funktionskreise, meist unter Einbeziehung der Staubblätter wie etwa bei der Kartoffelpflanze (*Solanum tuberosum*): Hier bilden die fünf kräftig gelb ausgefärbten Staubblätter als Streukegel einen lebhaften Kontrast zur Blütenkrone (Abb. 6.15, vgl. auch Abb. 5.7). Vergleichbare Designs finden sich natürlich auch bei allen gartenüblichen Zierpflanzen, deren Wildformen gewöhnlich aus fernen Ländern stammen.

Die Lenkung über das visuell wirksame Kontrastprogramm führt das anfliegende Insekt zielgenau in das Zentrum, wo sich üblicherweise der Zugang zu den offen oder verborgen präsentierten Nektarvorräten oder auch das Pollenangebot befinden. Oft erhält es auf den Kronblättern – besonders bei den Lippenblüten – auch noch ein besonderes Signal für die genaue Punktlandung und sogar ein besonders groß ausgeformtes Kronblatt als Sitzplatz. Während die Gesamtblüte oder auch ein Blütenstand mit ihrer enormen Farbigkeit eher eine Art Leuchtreklame mit ausgesprochener Fernwirkung darstellen, dienen die in sich stark differenzierten Blütenmuster jeweils der Feinnavigation im Nahbereich. Farbkontraste zwischen innen und außen oder Mitte und Rand sind dazu ein außerordentlich wirksames Mit-

Abb. 6.15   Bei vielen Pflanzen entsteht der Farbkontrast zwischen Blütenzentrum und Blütenperipherie durch unterschiedliche Farbgebung der Blattorgane verschiedener Funktionskreise wie der Staub- und der Kronblätter

tel, wie auch der kritische Selbstversuch bestätigt: Fast selbstverständlich werden auch unsere Blicke förmlich zum geometrischen Mittelpunkt einer Blüte mit entsprechendem Design hingezogen, wie etwa die besonders farbintensiven *Primula veris*-Hybriden oder das bunte Sortenbild von Garten-Stiefmütterchen (*Viola wittrockiana*) bzw. Horn-Veilchen (*Viola cornuta*) zeigen. Übrigens: Lässt man unvoreingenommene Kinder einfach eine Blume malen, kommt gewöhnlich eine radiärsymmetrische Form mit exakt dem geschilderten Zielscheibendesign mit deutlich abgesetztem zentralem Farbmal zustande – scheint also irgendwie archetypisch vorgeprägt zu sein (Abb. 6.16).

Bemerkenswert erscheint zudem, wie nicht weiter verwandte Arten zu vergleichbaren Erscheinungsbildern gelangen: Bei der Herbst-Anemone (*Anemone japonica*) bilden die kräftig gelb gefärbten Staubblätter den visuellen Mittelpunkt der Blüte (Abb. 6.17a), während der Blütenstand der Herbst-Aster (*Aster dumosus*) den gleichen Effekt mit ihren kontrastreich pigmentierten Röhrenblüten erreicht (Abb. 6.17b).

Es gibt im Kronblattbereich weitere bemerkenswerte Markierungen. Diesen Funktionszusammenhang hat als Erster Christian Konrad Sprengel erkannt; in seinem 1793 erschienenen Werk *Das entdeckte Geheimnis* (vgl. Kap. 1) spricht er ausdrücklich von den Saftmalen der Blüten. Heute nennen wir diese eben-

Abb. 6.16 Pia (6 Jahre, Enkelin des Autors), hat intuitiv eine radiärsymmetrische Blüte im Zielscheibendesign gemalt

Abb. 6.17 (a) Herbst-Anemone (*Anemone japonica*) mit kontrastbetonenden, kräftig gelben Staubblättern. (b) Wie sich die Bilder gleichen: Bei der Gartenform der Herbst-Aster (*Aster dumosus*) bilden die zentralen Röhrenblüten das anzusteuernde Blüten-standszentrum

falls der sicheren Besucherlenkung dienenden Markierungen Farbmale, von denen es verschiedene Typen gibt (Abb. 6.18). Entdeckt hat er dieses Phänomen am Beispiel des Vergissmeinnicht (*Myosotis* sp., Abb. 6.19).

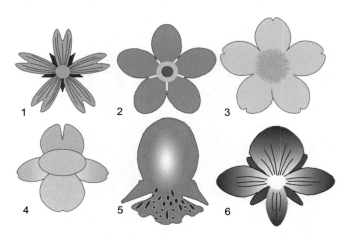

Abb. 6.18   Vielfalt der Blütenmaltypen: 1 Strichmal (Malve, *Malva*), 2 Ringmal (Vergissmeinnicht, *Myosotis*), 3 zentrales Fleckenmal (Schlüsselblume, *Primula*), 4 Lippenmal (Leinkraut, *Linaria*), 5 zerstreutes Fleckenmal (Taubnessel, *Lamium*), 6 Kombination aus Flecken- und Strichmal (Ehrenpreis, *Veronica*)

Abb. 6.19   Das zentrale und anders ausgefärbte Ringmal des Vergissmeinnichts (*Myosotis* sp.) war offenbar zielführend – wie der exakt platzierte Schmetterlingsrüssel beweist

Überzeugende Beispiele für zentrale und recht auffällige Fleckenmale auf den Kronblättern zeigen der Schlaf-Mohn (*Papaver somniferum*, Abb. 6.20a) sowie die aus der mediterranen Macchie stammende Zistrose (*Cistus monspeliensis*, Abb. 6.20b).

Mitunter pervertiert die Natur ihre Erfolgsmodelle und liefert auch auf diesem Wege faszinierende Effekte. Aus menschlicher Sicht besonders perfide verhält sich die Krabbenspinne (*Misumena vatia*). Sie kommt in mehreren Farbvarianten von grellweiß bis rotbraun vor, setzt sich mitten in die gezielt aufgesuchten Blüten und erscheint dann als prächtig einladendes Farbmal – für Blütenbesucher ein absolut tödlich endender Irrtum (Abb. 6.21), denn ihr Ausflug endet in den Giftklauen der Spinne.

a   b

Abb. 6.20   (a) Die lohnende Blütenmitte der Pollenblume Schlaf-Mohn (*Papaver somniferum*) ist nicht zu übersehen. (b) Auch die Zistrose (*Cistus monspeliensis*) lenkt mit ihren hochwirksamen Fleckenmalen die Blicke in das ergiebige Blütenzentrum

Abb. 6.21   Die in einer Rose „als Farbmal" lauernde Krabbenspinne (*Misumena vatia*) hat ein Opfer erbeutet

Strikt auf die Linie achten

Ringsektoren oder Farbmale auf den Kronblättern mit voneinander abweichender, kontrastreicher Farb- und Formgebung sind gewiss nicht die einzige Möglichkeit, die Blicke zu lenken und einen anfliegenden Blütenbesucher sicher ins lohnende Ziel zu führen. Dem gleichen Zweck dienen auch visuelle Leitplanken – die fallweise entweder als zarter oder kräftiger ausgeführte Strichmuster auf den einzelnen Kronblättern erscheinen, wie man sie beispielsweise bei den Stiefmütterchen (*Viola* spp., Abb. 6.22) und den Ehrenpreisarten (*Veronica* spp., vgl. Abb. 6.18) entdecken kann. Bezeichnenderweise verlaufen die aufgetragenen (meist dunkleren) Striche nicht beliebig oder gar in konzentrischen Kreisen, sondern wie die Radspeichen zur Nabe immer streng radial ausgerichtet auf die Blütenmitte. Selbst wenn die betreffende Blüte gar nicht sternförmig oder radiärsymmetrisch aufgebaut ist und als recht bizarres Gebilde mit medianer Spiegelungsachse somit nicht die fast automatisch zentrierende Wirkung ihrer Konstruktionselemente nutzen kann, helfen deutliche Strich- und Linienmuster an den Flanken oder anderer gut platzierter Stelle bei der raschen Orientierung zur Mitte. Solche Strichmuster auf den Kronblättern kommen häufig, aber durchaus nicht immer durch eine differenzielle Farbstoffbeladung der Epidermiszellen über den Leitbündeln (Blattnerven) der Kronblätter zustande. Sie können aber auch nur aus lang gestreckten Zellgruppen mit farbintensiver Vakuole in den Inter-

Abb. 6.22 Die Blüte des Horn-Veilchens (*Viola cornuta*) kombiniert verschiedene Blütenmaltypen – einerseits das schon rein gestaltlich besonders markierte Blüten-zentrum, sodann mit einem ausgeprägt orangegelben Fleckenmal und außerdem mit radialen Linien, die auf die Blütenmitte zulaufen

costalfeldern zwischen den Kronblattleitbahnen bestehen. Die mikro-skopische Kontrolle verdächtiger Beispielarten deckt hier eine überraschende Fülle von Möglichkeiten auf. In jedem Fall werden die Striche damit zu äu-ßerst hilfreichen Wegweisern bzw. optischen Leitplanken, die dem Besucher das Blütenzentrum mit seinen reichen Nektar- und/oder Pollenvorräten im Direktverfahren anzupeilen helfen. Dieses Blütenmuster ist mehrfach und unabhängig in ganz verschiedenen Familien entwickelt und optimiert wor-den. Man findet es außer bei den Veilchengewächsen mit der schon erwähnten Gattung *Viola* oder bei den Wegerichgewächsen mit ihrer Gattung *Veronica* natürlich bei vielen Orchideen, vor allem in den Gattungen *Dactylorhiza* und *Orchis*. Einem blütenbesuchenden Insekt mag es im Grunde nicht viel anders ergehen als einem systematisch arbeitenden Botaniker: Beide sehen sich bei den attraktiven und als Nahrungsquelle ergiebigen Blüten einer unglaub-lichen Fülle verschiedener Gestalttypen und deren vielfältiger Abwandlung gegenüber. Solche Vielfalt müsste eigentlich frustrieren, gäbe es da nicht die besonders zuverlässigen optischen Signalstrukturen als Gebrauchshilfen, die bei aller bestehenden Varianz des Gesamterscheinungsbilds immer wieder die

Abb. 6.23 Die radialen Strich- und Streifenmuster können (für unsere Augen) auch weniger auffällig sein als bei der Blüte der Strand-Zaunwinde (*Convolvulus soldanella*), aber hochwirksame Lenkhilfen sind auch sie

wesentlichen Grundzüge des gemeinsamen Blütenbauplans aufnehmen. Es genügt also im Zweifelsfall jeweils, besonders auf die Linie zu achten, um trotz aufwendig gestalteter Blütenumrisse und größenverschiedener Abmessungen der Blütenhülle dennoch ohne größere Umschweife das nahrungspendende Blütenzentrum sicher zu erreichen (Abb. 6.23).

Manche Muster bleiben uns verborgen

Selbst wenn die verschiedenen Bestandteile einer Blüte für unsere Augen ganz und gar monochrom und vermeintlich unstrukturiert einheitlich aussehen sollten, präsentieren sie sich für Insektenaugen häufig völlig anders und dennoch aufreizend kontrastreich. Sämtliche Blütenteile können nämlich eventuell blaunahes UV-Licht stark reflektieren oder völlig absorbieren und bieten damit ein gegenüber unserer menschlichen Sinnesempfindung völlig abweichendes Farbspektakel (Abb. 6.24). Beispiele dafür sind die Blüten vieler Hahnenfußgewächse. Bei genauerem Hinsehen erkennt man in der Blütenkrone von Scharbockskraut (*Ranunculus ficaria*, Abb. 6.25) oder Kriechen-

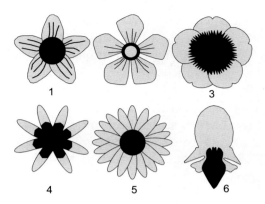

Abb. 6.24 In anderem Licht betrachtet – UV-Male auf (sonst eher unscheinbaren) Blütenkronen: 1 Zaunrübe (*Bryonia*), 2 Immergrün (*Vinca*), 3 Fingerkraut (*Potentilla*), 4 Scharbockskraut (*Ranunculus*), 5 Kreuzkraut (*Senecio*), 6 Goldnessel (*Lamium*) – umgezeichnet nach Aufnahmen im UV-Licht

Abb. 6.25 Beim Scharbockskraut (*Ranunculus ficaria*) mögen die farblichen Unterschiede zwischen Blütenzentrum und -peripherie für unsere Augen nicht besonders auffällig erscheinen, aber für Insektenaugen sind sie es wegen ihrer stark unterschiedlichen UV-Reflektivität (vgl. Abb. 6.24)

dem Hahnenfuß (*Ranunculus repens*) allenfalls ein paar Unterschiede zwischen dem glänzenden Hellgelb der Peripherie und einer zum Blütenzentrum hin eher trüberen Ausstattung. Die Betrachtung dieser Blüten im UV-Licht zeigt das Zentrum wegen seiner starken Strahlungsabsorption für Licht der Wellenlänge < 390 nm als nahezu schwarzen Stern. In welch hinreißendem Licht sich gerade die UV-verarbeitenden Blüten(organe) oder deren Teilbereiche ihren potenziellen Besuchern präsentieren, lässt sich fototechnisch leider nur mit den grob vereinfachenden Mitteln abgestufter Grauwerte wiedergeben. UV-Tüchtigkeit ist unterdessen auch für Vögel und Fledermäuse nachgewiesen.

Weniger scheinen als sein

Das Zielscheibengrundmuster der kontrastbetonten Unterscheidung zwischen Mitte und Peripherie in der Blütenkrone hat sich in der Coevolution zwischen Blüte und Bestäuber offenbar hervorragend bewährt und auch erfolgsorientiert selbst verstärkt. Nur so sind auch die Farbfassungen etlicher Sonderarrangements zu verstehen, darunter bezeichnenderweise die komplex zusammengesetzten Blütenstände aus vielen kleinen Einzelblüten. Das Beispiel Sonnenblume (*Helianthus annuus*) oder anderer Vertreter der Asteraceae zeigt, wie der aus morphologisch völlig unterschiedlichen sterilen und fertilen Elementen komponierte Blütenkorb (Blütenstand) dennoch in seinem Erscheinungsbild den Gesamteindruck „lohnende Großblume" hinbekommt – und dies natürlich unter Verwendung des Zielscheibenbasisdesigns (Abb. 6.26). Auch bei den Doldenblütengewächsen werden auf diese Weise die vielteilig konstruierten Blütenstände mit ihren vielen Hundert Einzelkomponenten zu einer gewaltigen, als Pseudanthium bezeichneten Superblume, die ihre Besucher anzieht wie eine einladende Sonnenterrasse, wenngleich bei dieser Pflanzenfamilie zumindest für den menschlichen Beobachter keine allzu auffälligen Unterschiede in der Ausfärbung am Werk sind. Diese sind jedoch vielfach bei den großblumig aufgemachten Blütenständen der Hortensien (*Hydrangea* spp.) zu sehen.

Die blumige Gesamterscheinung mit abweichendem Design zwischen innen und außen kommt hier durch stark größenverschiedene Elemente der jeweiligen Blütenhüllen zustande – sehr kleine bis fast fehlende Kronblattkreise bei den Einzelblüten des Zentralbereichs und „strahlende", oft auch noch mehrzipflige Blütenhüllblätter nur bei den Randblüten liefern die konstruktive Basis. Beispiele für diesen optisch offenbar ziemlich wirksamen Trick sind der Wiesen-Bärenklau (*Heracleum sphondylium*) oder der Breitsame

Abb. 6.26 Der aus vielen Einzelelementen zusammengesetzte Blütenstand (Blüten-korb) der Sonnenblume (*Helianthus annuus*) vermittelt – natürlich unter Einsatz des Zielscheibenprinzips – den Gesamteindruck „lohnende Superblume"

(*Orlaya grandiflora*). Tendenziell ähnliche Entwicklungen zeigen manche Vertreter der Geißblattgewächse wie der Wasser-Schneeball (*Viburnum opulus*). Bei einigen *Viburnum*-Arten sind die als Pseudanthien angelegten Blütenstände so dekorativ, dass man sie vor allem deswegen gerne als Park- und Ziergehölze verwendet (Abb. 6.27).

Bei vielen Blüten sind die Farbmale keine unveränderlichen Signale, sondern verändern sich im Laufe der Anthese planmäßig. Bei der Rosskastanie (*Aesculus hippocastanum*) zeigen sich die frisch geöffneten Blüten mit einem kräftig chromgelben Farbmal. Dieses färbt sich nach der erfolgreichen Bestäubung bzw. nach der Ausbeutung des Nahrungsangebots über orange nach tiefrot um (Abb. 6.28). Damit verliert die Blüte auch ihre UV-Reflektivität. Sobald die Rosskastanienblüte für unsere Augen die Rote Karte zeigt, ist sie für die rotblinden, aber UV-tüchtigen Hautflügler schlicht uninteressant und wird nicht mehr angeflogen. Ähnliche Farbumbauten findet man in den attraktiven Blüten der Trompetenbäume (*Catalpa* spp.) und – allerdings weniger auffällig – bei vielen Wildrosen (*Rosa* spp.), bei denen sich der Blütenboden von grellgelb nach rötlich umfärbt. Auch beim Jakobs-Kreuzkraut (*Senecio jacobaea*) findet ein farblicher Umbau statt, wenn der Blütenkopf altert:

Abb. 6.27 Beim heimischen Wasser-Schneeball (*Viburnum opulus*) findet sich die bemerkenswerte Erscheinung, dass die (sterilen) Randblüten gegenüber den (fertilen) Zentralblüten stark vergrößert sind und so den Eindruck „Superblume" hervorrufen

Abb. 6.28 Die Ampel in der Rosskastanienblüte: Farbwechsel des zentralen Farbmals von kräftig gelb nach dunkelrot im Ablauf der Anthese und damit verbunden die Botschaft: Hier ist nichts mehr zu holen

Dann wechseln die Röhrenblüten im Blütenkopf von sattem Gelb zu unauffälligem Braun, womit die Attraktivität für Blütenbesucher dahin ist. Bemerkenswert erscheint auch die Altersfärbung der Blüten der Schneerose/Schwarze Nieswurz (*Helleborus niger*): Hier werden die anfangs grellweißen Blütenhüllblätter – vermutlich durch Umwandlung der Leuko- in Chloroplasten – wieder deutlich grün.

Einen Sonderfall stellt sicherlich das als Zierpflanze beliebte Wandelröschen (*Lantana camara*) aus der Familie Eisenkrautgewächse (Verbenaceae) dar: Hier findet sich der nicht gerade häufige Fall, dass die kompletten Blütenkronen gegen Ende ihrer Betriebszeit heftig erröten.

Allerhand dufte Typen

Die Wahrnehmung der Umwelt mit den Augen ist auch bei den blütenbesuchenden Tieren das wichtigste Orientierungsmittel. Die chemischen Sinne vermitteln aber ebenfalls wichtige Botschaften und somit spielen auch Duftstoffe in der inner- sowie zwischenartlichen Kommunikation eine bedeutende Rolle. Als Pheromone führen die besonderen Duftkomponenten die potenziellen Paarungspartner zusammen. Beim zwischenartlichen Signalbetrieb, so auch im Fall der Blüten, spricht man eher von Allomonen. Zum Gesamterlebnis Blume gehört daher auch die geruchliche (olfaktorische) Wahrnehmung. Manche Blumen wie Hyazinthen, Maiglöckchen und Rosen duften sogar so stark, dass man sie schon bemerkt, ehe man sie tatsächlich gesehen hat. Andere operieren in dieser Szene für unsere Riechleistung eher unterschwellig, aber enorm wirksam, so etwa die sehr kleinen Blüten der Bergminze (*Calamintha nepeta*), die sich im Naturgarten als unglaublicher Besucherhit vor allem für Hautflügler erweist. Tierische Blüteninteressierte mit ihren oft vielfach leistungsstärkeren Sinnesorganen registrieren sie dennoch. Düfte erhöhen zuverlässig die Attraktivität. Daher schmückt sich die Damenwelt nicht nur mit farbprächtiger Gewandung und als Zusatzattribut einer Blume im Haar, sondern trägt – und das gehört nach ökologischen Kategorien bezeichnenderweise in das Einsatzgebiet Pheromone – zusätzlich ein Parfüm mit angenehm duftenden Naturstoffen auf, die meist der pflanzlichen Blütenchemie entstammen wie beispielsweise das Neroliöl von der Bitterorange (*Citrus aurantium*) oder das mädchenhaft aparte Aroma der Maiglöckchen (*Convallaria majalis*). Duftende Öle gehören bei den Pflanzen zu den erfolgreichen PR-Maßnahmen – und im zwischenmenschlichen Bereich eben auch.

Düfte kann man sichtbar machen

Die zu testenden Blüten taucht man komplett mit Stiel etwa 2–10 h lang in einem genügend großen Becher- oder Konfitürenglas in ein Farbbad mit einer ca. 0,1 %igen wässrigen Lösung von Neutralrot (2-Methyl-3-amino-9-dimethylaminophenazin, erhältlich über den Lehrmittelhandel). Anschließend wird die überschüssige Färbelösung unter fließendem Wasser abgewaschen. Die in den Blüten vorhandenen Duftdrüsenkomplexe (Osmophoren) färben sich mit Neutralrot kräftig violettrot an. Größe und Lage der duftaktiven Blütenareale sind erwartungsgemäß artabhängig sehr unterschiedlich. Mitunter duften nur bestimmte Teile einer Blütenkrone (bei der *Jonquille* beispielsweise nur die auffällige Nebenkrone), bei anderen sind es die kompletten Kronblätter, in vielen Fällen jedoch nur eng umgrenzte Bereiche einzelner Blütenbestandteile.

Der Indikator- bzw. Vitalfarbstoff Neutralrot weist, obwohl er in wässriger Lösung eingesetzt wird, gewisse lipophile Eigenschaften auf. Da die von den Osmophoren freigesetzten Duftstoffe als Komponenten des ätherischen Öls ebenfalls lipophil sind, ist vor allem an deren Freisetzungsstellen mit einer Anreicherung des Farbstoffs zu rechnen.

Bei der visuellen Lokalisation der Osmophoren anhand ihrer Vitalfärbung ist zu berücksichtigen, dass sich auch etwaige verletzte Epidermisareale und – wenngleich nur relativ schwach – auch Nektarien mit Neutralrot anfärben.

Die Blütendüfte entstehen – ähnlich wie Nektar und fette Öle – in besonderen Drüsenkomplexen, Osmophoren genannt. Sie befinden sich überwiegend auf den Kronblättern. Im Unterschied zu den fetten Ölen der Elaiophoren sind die Komponenten der Duftöle flüchtig bzw. ätherisch – sie verduften rückstandsfrei, denn es liegt ihnen eine völlig andere Naturstoffchemie zugrunde. Oft handelt es sich dabei um offenkettige oder zyklische Monoterpene bzw. Diterpene oder um Phenylpropanabkömmlinge (Abb. 6.29), die überwiegend sehr angenehme, blumig bis fruchtig betonte Duftwahrnehmungen hervorrufen. Die Vertreter der Amine wecken dagegen keine so angenehmen Assoziationen: Methylamin H_3C-NH_2 aus dem Aronstab (*Arum maculatum*) erinnert an Urin, Trimethylamin $(H_3C)_3N$ aus den Weißdornarten (*Crataegus* spp.) weist die Qualitäten einer schlecht gelüfteten Fischbratküche auf. Aber selbst für solche Duftnoten oder für die sogar als betont ekelhaft wahrgenommenen Indol- bzw. Skatolderivate können besondere Verwandtschaftsgruppen unter den Insekten heftig schwärmen. Sie sind die spezifischen Duftmarker der von Spezialisten gerne besuchten Aas- und Ekelblumen.

Schon vor mehr als einem halben Jahrhundert haben zwei österreichische Biologinnen, Alexandra von Aufseß und Therese Lex, durch geduldige Versuche herausgefunden, dass die Blüten nicht an allen Teilen unterschiedslos duften, sondern räumlich verschiedene Duftmuster aufweisen. Sie zerschnippelten alle

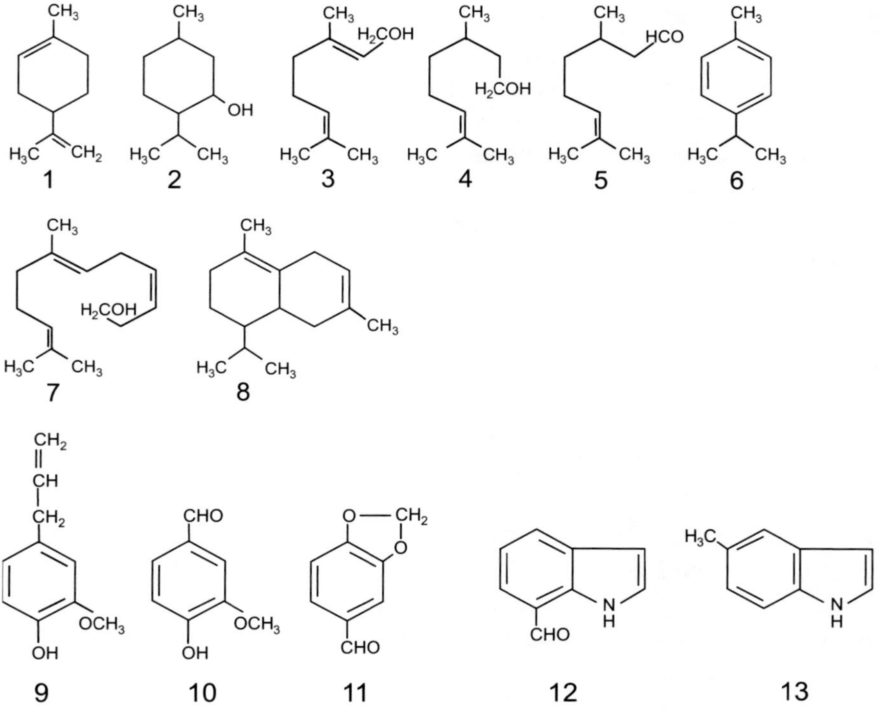

Abb. 6.29 Bestandteile ätherischer Öle aus Blüten: 1–8 Isoprenoide, 1–6 Monoterpene: Alkane: 1 Limonen (Zitrone, *Citrus*); Alkohole: 2 Menthol (Minze, *Mentha*), 3 Geraniol (Storchschnabel, *Geranium*), 4 Citronellol (Zitrone, *Citrus*); Aldehyde: 5 Citral (Zitrone, *Citrus*); Phenole: 6 Thymol (Thymian, *Thymus*); Diterpene: 7 Farnesol (Maiglöckchen, *Convallaria*), 8 Cadinen (Ragwurz, *Ophrys*); 9–11 Phenylpropane: 9 Eugenol (Nelke, *Dianthus*), 10 Vanillin (Vanille, *Vanilla*), 11 Heliotropin (Flieder, *Syringa*, und Veilchen, *Viola*); Gestankstoffe (Heterozyklen): 12 Indol, 13 Skatol (beide in Aronstab, *Arum*)

möglichen Blütentypen fein säuberlich, verteilten die Abschnitte in kleine Glasgefäße und ließen sensible Testpersonen anschließend feststellen, ob die Proben unterschiedlich oder verschieden stark dufteten. Nachdem man Osmophoren in Blüten mit einer sehr einfachen Versuchstechnik durch Neutralrot visualisieren kann (vgl. Textkasten), ist die Analyse viel einfacher: Blüten weisen tatsächlich differenzierte Duftmarken auf. Oft fallen sie mit den im sichtbaren Bereich erkennbaren Farbmalen zusammen, aber auch die für uns nicht wahrnehmbaren UV-Male heben sich in ihren chemischen Qualitäten vom direkten Umfeld ab. Bei Glockenblumen (*Campanula* spp.) nimmt die Duftintensität zum Blütengrund hin zu, bei Narzissen (*Narcissus* spp.) und Schwertlilien (*Iris* spp.) duftet das optisch stark markierende Farbmal anders als die übrigen Osmophoren. Oft markieren die Duftfelder gerade den engröhrigen Blüteneingang wie bei den Veilchen (*Viola* spp.) oder parfümieren auch das Futter selbst, vor allem die Pollenkörner. Nektar ist allerdings entgegen weit verbreiteter Einschätzungen immer völlig duftlos. Sichtbare und geruchlich wahrnehmbare Markierungen verstärken sich in einer Blüte also gegenseitig: Ausrichtung, Größe und Position der Osmophoren folgen gewöhnlich den Farbmarkierungen der Kronblätter oder anderer Blütenbestandteile. Die für die Besucherlenkung angelegten visuellen und olfaktorischen Ausstattungen einer Blüte entsprechen und ergänzen sich somit nahezu perfekt.

Blumige Verführung

Hübsche, gut proportionierte Rundungen und angenehme Duftnoten verfehlen in der Männerwelt selten ihre spezifische Wirkung. So verwundert es vermutlich nicht, dass einige Pflanzenarten für die männliche Insektenwelt tatsächlich eine Art Peepshow veranstalten und diese auch noch durch Anmache mit der passenden Duftnote verstärkend kombinieren.

Carl von Linné erwähnt in seiner 1745 erschienenen Veröffentlichung *Reise nach Öland und Gotland* auch die dort vorkommende und von ihm auch so benannte Orchideenart Fliegen-Ragwurz (*Ophrys insectifera*). Nach seiner Schilderung sollen deren Blüten einer Fliege so täuschend ähnlich sehen, dass ein unkundiger Betrachter darin zwei oder mehr am Stängel sitzende Insekten vermutet. Diese Feststellung ist zwar etwas übertrieben, aber hat durchaus eine reale biologische Bewandtnis, die Linné freilich noch nicht bekannt war: Die *Ophrys*-Blüten imitieren in Gestalt und Duftproduktion tatsächlich ein Insektenweibchen und verführen damit die Männchen bestimmter Arten sogar zu Begattungsversuchen, die natürlich in einer Pollenaufladung und nach erneut geglücktem Verführungsmanöver mit dem Pollenauftrag auf der Narbe enden (Abb. 6.30).

Diese Erkenntnis konnte sich allerdings erst langsam durchsetzen. Die ersten Nachrichten einer heftig vollzogenen Pseudokopulation von Männchen der Dolchwespe *Campsoscolia ciliata* auf der Blüte der Spiegel-Ragwurz (*Ophrys vernixia = O. speculum*) lieferte Maurice-Alexandre Pouyanne im Jahre 1917 von seinen Beobachtungen in Algerien und handelte sich damit eine Menge Ärger ein, denn für solcherart vermeintlich freizügige Storys war man damals einfach noch zu verklemmt. Erst die 1961 erschienene umfassende Monografie des schwedischen Zoologen Bertil Kullenberg (1913–2007) brachte endgültige Gewissheit und Anerkennung dieses blütenbiologisch gewiss einzigartigen Phänomens. Seit diesen Studien ist unzweifelhaft erwiesen, dass die *Ophrys*-Blüten perfekt wirkende Weibchenattrappen bestimmter Insektenarten darstellen und überdies das spezifische Lockstoffrepertoire der beteiligten Spezies einsetzen.

Abb. 6.30 Paarungsbereites Männchen einer Grabwespe auf der Blüte einer Fliegen-Ragwurz (*Ophrys insectifera*)

Bei der heimischen Fliegen-Ragwurz sind die typischen Besucher natürlich keine Fliegen, sondern begattungsfreudige Männchen von Grabwespen, vor allem *Gorytes campestris* und *G. mystaceus*. Bei den anderen in (Mittel-)Europa vorkommenden *Ophrys*-Arten sind es fast immer artspezifisch agierende andere Hautflügler, vielfach Solitärbienen der Gattungen *Andrena* und *Eucera*. Arten der letzteren Gattung fühlen sich auch von der Spinnen-Ragwurz (*Ophrys sphegodes*) mächtig angezogen. Auch hier spielen Spinnen im Bestäubungsgeschäft natürlich keine Rolle – der Artname stammt aus einer Zeit, wo man die Ähnlichkeiten sehr naiv und oberflächlich wahrnahm.

Gerade das Beispiel der *Ophrys*-Arten und ihrer spezifischen Bestäubungspartner unter den Hautflüglern verdeutlicht nicht nur eine frappierende, auf engste Coevolution gegründete Abhängigkeit, sondern auch die damit verbundene Gefahr: Wenn ein Partner aus diesem Beziehungsgeflecht durch Standortveränderung bzw. andere Umweltereignisse wegfällt oder auch nur noch seltener wird, kommt das Zusammenspiel zum Erliegen, wenn die betreffenden *Ophrys*-Arten nicht notfalls eine Selbstbestäubung einleiten. Das jedoch ist aus den bereits diskutierten genetischen Gründen mittelfristig eine durchaus problematische Panikreaktion.

Nachtasyl und Wärmeinsel

Die besonderen Angebote tierbestäubter Blüten beschränken sich nicht auf Beißfestes oder Trinkbares sowie auf schöne Düfte und verführerische Weibchen. Kurz zu streifen sind daher ein paar weitere Wohlfahrtswirkungen, die in blütenökologischen Studien oft übersehen werden.

Schaut man sich frühmorgens mit einer Lupe in Blüten um, vor allem in glockigen oder nicht allzu engröhrigen Gestalten, trifft man dort häufig Kleinstinsekten an. Oft sind es Blattläuse, vielfach aber auch sehr kleine Käferarten oder ihre Larven und dazu auch Spinnen(tiere), die man offensichtlich im Schlaf überrascht hat. Tatsächlich suchen solche Kleinsttiere Blüten vor allem bei problematischer Witterung nicht ungern auf, weil sie hier ein schützendes Obdach finden. Für eine Bestäubungsleistung sind sie meist zu klein – sie bewegen sich völlig frei zwischen den Blütenorganen, ohne irgendeine nennenswerte Pollenauf- oder -abladung leisten zu können. Auch die sonstigen Nahrungsangebote einer Blüte bleiben eher ungenutzt, weil die Nachtasylanten überwiegend gänzlich andere Ernährungsgewohnheiten haben.

Bei den verschiedenen Unterarten des Alpen-Mohns (*Papaver alpinum*) sowie bei der ebenfalls alpin verbreiteten Silberwurz (*Dryas octopetala*) fällt die flachschalig ausgebreitete Blütenkrone auf (Abb. 6.31). Tatsächlich erinnert sie in ihrer paraboloiden Formgebung an eine Satellitenschüssel –

Abb. 6.31 Die flachschaligen Blütenkronen der alpin und hochnordisch verbreiteten Silberwurz (*Dryas octopetala*) wirken als wärmeeinfangender Parabolspiegel und werden durch Besucherinsekten tatsächlich auch als Aufwärmstationen genutzt

und erstaunlicherweise liegt der Primärfokus ungefähr an der Stelle, wo sich der potenzielle Blütenbesucher niederlässt. Genaueres Nachmessen hat die Vermutung bestätigt: Die Antennenform der Blütenkrone fängt bei diesen und vermutlich bei etlichen weiteren Arten die eventuell geringe Wärmeeinstrahlung am Hochgebirgsstandort ein und bündelt sie exakt über der Blütenmitte. Besucherinsekten kommen und verweilen hier erwiesenermaßen zum Aufwärmen, denn im Fokalbereich liegen die Temperaturen bei bis zu 10 °C über den Umgebungswerten. An den hochnordischen Standorten der Silberwurz wurde mit Zeitrafferaufnahmen dokumentiert, dass sich die Blüten dem Tagesgang der im arktischen Sommer nicht untergehenden Sonne mit wenigen Winkelgraden Abweichung nachdrehen. Offensichtlich nutzen sie den kurzen Sommer dieser Breiten und locken per Wärmeangebot die benötigten Bestäuber an. Das Nachdrehen der Blüten ist eine bemerkenswert ungewöhnliche Reaktion. Sonnenblumen, denen man diese Reaktion nachsagt, leisten sie tatsächlich nicht, obwohl sie in anderen Sprachen „Sonnendreher" heißen (italienisch *girasole*, französisch *tournesoleil*).

In diesen Kontext gehört selbstverständlich auch die Funktion mancher Blüten bzw. Blütenstände als Brutkammer bzw. Kinderstube. Ein ungewöhnliches und zudem recht kompliziertes Fallbeispiel sind die krugförmigen Blütenstände des Feigenbaums (*Ficus carica*) und deren Abhängigkeit von bestimmten Gallwespen. In der erlebbaren heimischen Flora spielt diese Art jedoch keine Rolle und kann daher im Hintergrund bleiben.

Blütenstile und Stilblüten

So wie man bei Kirchen und Profanbauten verschiedener Zeitstellung größere Unterschiede in Fassadengestaltung und Raumkonzept feststellen kann, lassen sich auch die Blumen verschiedenen Stilrichtungen zuordnen. Der verdienstvolle Münchner Blütenökologe Hans Kugler (1903–1985) hat dazu eine unterdessen auch in der internationalen Fachliteratur übliche blumige Stilkunde entwickelt (Abb. 6.32). Im Unterschied zu den Architekturepochen stellen die Blütenstile natürlich keine kunsthistorische Chronologie dar, denn sie bestehen nebeneinander. Wir begnügen uns hier mit einer kleinen, orientierenden Übersicht – die in der lebenden Natur vorzufindende Vielfalt ist auch in dieser Hinsicht wieder viel erdrückender.

Weit verbreitet sind die flachen Scheiben- oder wenig gewölbten Schalenblumen, wie sie auch bei den Korbblütengewächsen vorkommen. Deutlich enger wird es bei den Trichter- und noch viel beklemmender bei den

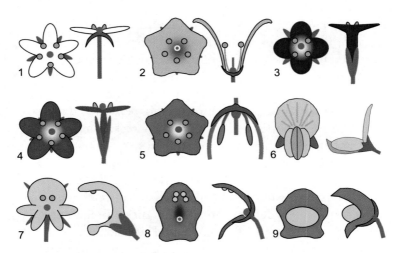

Abb. 6.32 Blumenkronen zeigen in Anpassung an ihre unterschiedlichen Bestäuber verschiedene Stilrichtungen. Typische Blumen mit besonderem Stil („Stilblüten") sind 1 Scheiben-/Schalenblume (Sternmiere, *Stellaria*), 2 Trichterblume (Winde, *Calystegia*), 3 Röhrenblume (Enzian, *Gentiana*), 4 Stieltellerblume (Kombination Schale/Röhre, Licht-nelke, *Silene*), 5 Glockenform (Glockenblume, *Campanula*), 6 Fahnenblume (Hornklee, *Lotus*), 7 Lippenblume (Taubnessel, *Lamium*), 8 Rachenblume (Fingerhut, *Digitalis*), 9 Maskenblume (Leinkraut, *Linaria*)

Röhrenblumen. Die Scheibe als Laufhorizont der Blütenbesucher und die Röhre als Aufbewahrungsort für den Nektar sieht man in der treffend so be-zeichneten Stieltellerblume. Glockenblumen hängen gewöhnlich – das hat unter anderem den enormen Vorteil, dass das Nektarangebot bei Regen-güssen nicht unnötig verwässert. Fahnenblumen sind unter anderem das Markenzeichen der Schmetterlingsblütengewächse. Bei den Lippenblumen im weitesten Sinne kann man mehrere Untertypen unterscheiden: Vielfach bieten sie mit der großen Unterlippe einen superpraktischen Landeplatz für die Besucher oder veranlassen ihn als Rachenblumen, in die geräumige Höhle hineinzukriechen. Bei den Maskenblumen ist der Eingang durch eine Kronblattaufwölbung der Unterlippe verschlossen – solche Blüten sind nur von kräftigen Insekten mit sanfter Gewalt zu öffnen. Das solchermaßen gesicherte Angebot lockt allerdings Nektardiebe auf den Plan, die sich von rückwärts einen schnellen Zugang in die Krone knabbern (vgl. Abb. 5.22). Bei tropischen Arten, die sich auf Vogel- oder Fledermausbestäubung spe-zialisiert haben, sind die Kronblätter stark zurückgebildet. Die Blüte be-steht fast nur aus den zahlreichen wie ein Pinsel ausgebreiteten Staub-blättern.

Kundentäuschung mit Mogelpackung

Pollenkörner sind ein kostbares Gut, weil sie in den Blüten relativ umständlich hergestellt werden müssen. Auch der freigiebig angebotene Nektar ist recht wertvoll, weil seine Komponenten in der Photosynthese der grünen Laubblätter entstehen und eventuell über längere Strecken zu den Nektarien fließen müssen. Angesichts dieser Gesamtenergetik ist im Prinzip auch schon einmal Sparsamkeit angesagt – aber am besten nicht um den Preis, vor den Blütenbesuchern dürftig aussehen zu müssen.

So finden sich bei vielen Blüten tatsächlich Muster und Strukturen, mit denen sie ihren Besuchern eine überaus lohnende Ausbeute in Aussicht stellen, aber eigentlich nicht viel zu bieten haben und eher Ätsch-Effekte erzeugen wie beim frustrierten Pawlow'schen Hund. Man könnte angesichts dieser Ausgangslage folgern, dass Pflanzen ihre Blütenbesucher täuschen und demnach betrügerisch vorgehen. Betrugsmanöver sind demnach keineswegs nur ein (strafrechtlich relevantes) Fehlverhalten von Menschen, sondern völlig unabhängig und viel früher auch in der Natur weithin üblich. Man denke nur an die Palette der immer wieder verblüffenden Tricks zur Tarnung und Warnung, die gesamten fast unglaublichen Inszenierungen zur Mimikry und Mimese.

Biologisch nicht weniger reizvoll sind auch die Täuschungsmanöver der Blumen, die jeweils einen potenziellen tierischen Partner narren. Entdeckt hat dieses Phänomen wiederum der geniale Spandauer Schulmeister Christian Konrad Sprengel. In seinem bemerkenswerten Grundlagenwerk *Das entdeckte Geheimnis der Natur im Bau und in der Befruchtung der Blumen* von 1793 bezeichnet er die Knabenkrautarten der Gattungen *Orchis* und *Dactylorhiza* ausdrücklich als „Scheinsaftblumen", weil sie mit ihrem langen Sporn den Eindruck erwecken, mengenweise Nektar anzubieten, aber in Wirklichkeit völlig leere und trockene Typen sind. Ein Jurist würde ihnen also glatt eine Vortäuschung falscher Tatsachen vorwerfen.

Bei den Königskerzen (*Verbascum* spp.) fällt die dichte wollige Behaarung der oberen drei Staubblattfilamente auf (Abb. 6.33) – je nach Art weiß, gelb oder violett. Früher sprach man ihnen die Funktion von Futterhaaren zu, doch hat nie ein Beobachter überzeugend nachweisen können, dass sie auch tatsächlich von Blütenbesuchern an- oder weggeknabbert werden. Man versteht sie daher heute eher als einen gelungenen Werbegag der Blüten: Sie versprechen mit diesem Erscheinungsbild unglaubliche, im Blütenzentrum angehäufte Pollenmengen. Erst nach der Landung sowie ganz aus der Nähe bemerkt der Besucher, dass er wohl nach dem eher bescheidenen Pollenangebot intensiver suchen muss.

Abb. 6.33 Blüten der Schwarzen Königskerze (*Verbascum nigrum*): Die dicht behaarten Staubblattstielchen verheißen ein üppiges Pollenangebot, sind aber tatsächlich nur Attrappe

Bei vielen Blüten fallen auf den Kronblättern eigenartige Flecken auf. Solche Fleckenmale finden sich unter anderem beim Roten Fingerhut (*Digitalis purpurea*), und zwar ausschließlich auf dem hinteren Vorderrand der glockigen Blütenkrone, den ein Besucher als Erstes wahrnimmt (Abb. 6.34). Die Flecken sehen so aus wie aufgemalte geöffnete Staubblätter und stellen tatsächlich erstaunlich wirksame Antherenattrappen dar. Wenn man die Fleckenmuster mit pinkfarbenem Korrekturlack übermalt, wirken die Blüten auf potenzielle Besucher gleich weniger attraktiv – direkt ablesbar an den signifikant zurückgehenden Anflugraten. Je nach Kronblattuntergrund dunkle oder helle Fleckenmale, die als Staubblattbilder zu deuten sind, finden sich auch bei vielen Vertretern der Nelken-, Lilien- und Orchideengewächse.

Der ideenreiche Freiburger Biologe Günter Osche (1926–2009) hat Ende der 1970er-Jahre die bemerkenswerte Theorie entwickelt, wonach manche Blütenmale nicht nur als Wegweiser und Richtungsmarker dienen, sondern tatsächlich Pollen- und/oder Staubblattrappen sind. Viele Schwertlilien (*Iris* spp.), nämlich alle Arten der Gattungssektion *Barbatae*, legen am Eingang zu jeder der drei Teilblüten einen hochflorigen, gelben Teppich aus, der wie ein ausgedehntes Staubblattfeld wirkt, aber nur aus langen und somit un-

Abb. 6.34 Der Rote Fingerhut (*Digitalis purpurea*) verspricht mit aufgemalten Antheren im Bereich des Kroneneingangs eine reiche Pollentracht – aber es sind tatsächlich nur verführerische Attrappen

ergiebigen Haaren besteht. Pollen und Nektar gibt es an einer ganz anderen Stelle. Man könnte also sagen, in der Schaufensterauslage solcher Blüten liege nur eine Attrappe, während die eigentliche Ware im hinteren Ladenbereich gehandelt wird. Das geht sogar so weit, dass die plakative Ansage auf den Kronblättern nur noch ein kräftig gelbes Farbmal ist, das stellvertretend für das – meist nicht einsehbare – Angebot an einer versteckten Stelle der Blüte steht (vgl. Abb. 6.20). Es kann flächig ausgebildet sein wie bei der Blauen Lobelie (*Lobelia erinus*), aber auch wulstig und vorspringend wie beim grellgelben Lippenmal der Leinkrautarten (*Linaria* spp., Abb. 6.35) oder den Löwenmäulchen (*Antirrhinum majus*).

Unter dem Stichwort „Täuschblumen" vermerkt die pflanzliche Kriminalstatistik noch viele weitere kurios bis unglaublich anmutende Fälle. Die meisten Fallbeispiele betreffen tropische Arten, die der Beobachtung nicht so ohne Weiteres zugänglich sind. Aber: Ein Besuch in den Gewächshäusern eines gut sortierten Botanischen Gartens könnte aber auch zu dieser Thematik viel Unterhaltsames beisteuern. Auch die Umschau in der heimischen Natur mag manche Überraschung bieten, so etwa die Feststellung, dass etliche Blüten zur Nachtzeit eine turgorgesteuerte Schlafstellung einnehmen (Abb. 6.36).

Abb. 6.35 Vorgewölbtes Lippenmal des Gewöhnlichen Leinkrauts (*Linaria vulgaris*) – pure Verheißung, denn das eher bescheidene Pollenangebot gibt es erst viel weiter hinten im Blüteninneren

Abb. 6.36 Beispiele für die Schlafstellung bei Wiesenblumen: 1 Wiesen-Schaumkraut (*Cardamine pratensis*), 2 Gänseblümchen (*Bellis perennis*), 3 Wiesen-Glockenblume (*Campanula patula*); links jeweils die Tagesposition, rechts daneben die Blütenhaltung in der Dunkelphase

Ein wenig Verhütungsbotanik

Bereits dem großartigen Forscher Charles Darwin war als Ergebnis seiner viele Jahre lang betriebenen blütenbiologischen Untersuchungen klar, dass Selbstbestäubung mit anschließender Selbstbefruchtung fast immer die Ausnahme ist und allenfalls in der Phase der Torschlusspanik toleriert wird, wenn aus irgendwelchen Gründen ein Bestäuber ausblieb. Folglich muss es Mechanismen geben, die den illegitim kurzen Weg von den Staubbeuteln zur räumlich meist sehr nahen Narbe der eigenen (Zwitter)blüte wirksam unterbinden.

Die Natur hat hierzu verschiedene Möglichkeiten entwickelt und optimiert.

Das sicherste Mittel ist die zuverlässige räumliche Trennung – das Männerkloster befindet sich dann in einsam sicherer Lage fernab vom nächsten Frauenkonvent. Zweihäusige Arten mit eingeschlechtigen Blüten sind bei den windbestäubten Arten relativ häufig, bei den tierbestäubten aber eher selten. Das Verfahren der Eingeschlechtigkeit (oft mit jeweils unterdrücktem anderem Geschlecht: männliche Blüten weisen einen kryptischen, nicht funktionierenden Fruchtknoten auf und umgekehrt) findet sich beispielsweise bei den Lichtnelken (*Silene* spp.). Außer den klassischen Fällen der Ein- und Zweihäusigkeit überrascht die heimische Flora mit einer ganzen Reihe weiterer Verteilungsmöglichkeiten (vgl. Abb. 5.27).

Mindestens so zuverlässig bleibt eine Selbstbestäubung ausgeschlossen, wenn die männlichen und die weiblichen Funktionsbereiche einer Zwitterblüte zu unterschiedlichen Zeitpunkten heranreifen. Dichogamie nennt die Fachsprache dieses Verfahren, das praktisch einer funktionellen Zweihäusigkeit entspricht – die betreffenden Blüten sind im Prinzip sogar transsexuell: Wenn die Antheren aufbrechen und ihre Pollenpracht präsentierten, ist die Blüte funktionell männlich. Zu diesem Zeitpunkt sind die Narben noch fest verschlossen und gänzlich außer Betrieb. Erst nach ein paar Tagen ändert sich das Bild: Die ausgeleerten Staubbeutel sind abgefallen oder hängen schlaff herunter und jetzt kommt der Einsatz der Narbe. Sie streckt sich nun und nimmt den Pollen von anderen Individuen gerne entgegen (Abb. 6.37).

Dieses raffinierte Verfahren, bei dem die männliche Phase der weiblichen vorweg eilt und die Zwitterblüte folglich proterandrisch (vormännig) arbeitet, findet man auch bei den Storchschnabelarten (*Geranium* spp.), bei den Malven (*Malva* spp.) und bei den Weidenröschen (*Epilobium* spp.). Vorweibigkeit (Protogynie) mit umgekehrter Abfolge der Dienstzeiten kommt in der heimischen Natur ebenfalls vor, beispielsweise bei der Nelkenwurz (*Geum urbanum*), ist aber insgesamt deutlich seltener.

Abb. 6.37 Feinabgestimmte Choreografie der Funktionsteile in der Blüte der Kartäuser-Nelke (*Dianthus carthusianorum*). Links: äußere Staubblätter präsentiert und geöffnet, Narbe aber noch funktionslos; Mitte: innere Staubblätter aktionsbereit; rechts: Antheren abgefallen und Narbenlappen belegungsfähig

a   b

Abb. 6.38 (a) Schaftlose Primel (*Primula vulgaris*): Im engröhrigen Blüteneingang sieht man die auf langem Griffel entwickelte Narbe, während die kurzstieligen Staubblätter tiefer unten und nicht sichtbar stehen. (b) Die gleiche Spezies, aber die andere Bauvariante: Im Blüteneingang zeigen sich die Antherenspitzen der fünf langstieligen Staubblätter

Einen besonders bemerkenswerten Fall zur Sicherung der Fremdbestäubung zeigen die heimischen Primelarten (*Primula* spp., Abb. 6.38). Ihre Blüten gibt es immer in zwei Bauvarianten: Entweder sind die Staubblätter lang gestielt und die Griffel sehr kurz oder umgekehrt. Im engröhrigen Blüteneingang der bunten Hybriden der Schaftlosen Primel (*Primula vulgaris*), die schon im zeitigen Frühjahr überall in etlichen Farben auf den Blumenmärkten auftauchen, sieht man also beim genaueren Hinsehen entweder die Spitzen der fünf Antheren oder die kreisrunde, scheibenförmige Narbe. Eine erfolgreiche Pollenübertragung ist nur zwischen längengleichen Individuen möglich (Abb. 6.38a und b). Heterostylie (genauer: Diheterostylie) nennt man dieses ausgeklügelte Arrangement.

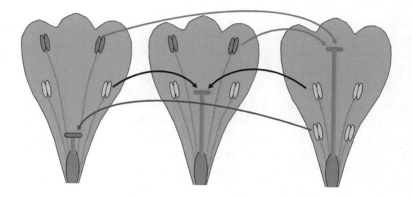

Abb. 6.39 Triheterostylie beim Blutweiderich (*Lythrum salicaria*); eine erfolgreiche Pollenübertragung ist nur zwischen Staubblättern und Griffeln gleicher Länge möglich

Manchmal wird es auch einfach als Heteromorphie zitiert. Bei dem an Gewässerrändern häufigen Blutweiderich (*Lythrum salicaria*) kommen sogar drei verschiedene Griffel- bzw. Filamentlängen vor – er ist demnach also triheterostyl (Abb. 6.39).

Die Übertragungssperre bei den heterostylen Arten führt uns abschließend zu einem wichtigen, aber komplexen und deswegen hier nur nachrichtlich zu erwähnenden Sachverhalt: Allein mit der Ablage eines Pollenkorns auf einer empfängnisbereiten Narbe ist es partout nicht getan. Bevor der Pollenschlauch sozusagen die Lizenz erhält, auszukeimen und sich durch das Griffelgewebe in Richtung Samenanlage zu vertiefen, finden auf der molekularen Ebene intensive Zell-Zell-Identitätsprüfungen statt. Nach dem Pollenauftrag geht es also nur dann weiter, wenn die zusammengetroffenen Kompatibilitätsgene die Keimlizenz freigeben bzw. wenn auch in diesem Fall die Chemie stimmt.

Adressen für Auserwählte

Mit ihren Farbspektakeln und Duftinszenierungen, die so zuverlässig auf Augen und Nasen der Blüteninteressenten von der Arbeitsbiene bis zum Blumengartenfan zielen, unternehmen die tierbestäubten Blütenpflanzen enorme Werbefeldzüge für die eigene Sache: Die Zielgruppen sind aber nicht unterschiedslos auf jegliche Blüten als Nahrungsquelle spezialisierten Tiere abonniert, sondern die blumigen Verführer richten sich eher immer nur auf ausgewählte Kundenkreise. Es ist fast wie im übrigen Leben: Die einen begeistern sich für ein Bistro, die anderen für ein einfaches Dorfgasthaus und wieder andere schwärmen (auch) für ein Gourmetrestaurant. Ähnlich verhält es sich bei den Blüten. Aus ihrem Erscheinungsbild, dem jeweiligen Menü und den Öffnungszeiten kann man mit ein wenig Erfahrung und noch mehr gestützt auf die eigene vergleichende Beobachtung durchweg auf die zu erwartende Kundschaft schließen.

Nach dem erstmals von Hans Kugler (1903–1985) entwickelten Konzept lassen sich die Blüten und Blumen trotz aller Vielfalt zu nur wenigen Formtypen zusammenfassen (vgl. Abb. 6.32). Diese gestaltlich gut begründbaren Kategorien kann man nun mit Blick auf die Besucherkreise noch etwas lebendiger werden lassen und als Funktionstypen umschreiben – zugegebenermaßen mit einigen einschränkenden Kompromissen, die jede vereinfachende Schematisierung der Natur so mit sich bringt. In der heimischen Flora wären unter anderem neben Bienen-, Falter-, Fliegen- auch Käferblumen zu unterscheiden, in den Wärmegebieten der Erde zusätzlich Vogel- und Fledermausblumen. Form und Farbe bestimmen die Funktion (Abb. 6.40). Die folgende kurze Übersicht mag dies anhand einiger markanter Beispiele kurz erläutern (Abb. 6.40):

- Bienen- bzw. Hummelblumen finden sich unter den Scheiben (Apfel, *Malus sylvestris*), Glocken (Beinwell, *Symphytum officinale*), Rachen (Löwenmäulchen, *Antirrhinum majus*), Fahnen (Besenginster, *Cytisus scoparius*) und Röhren (Akelei, *Aquilegia vulgaris*). Oft sind sie zygomorph, bieten auf einer großen Unterlippe ideale Landemöglichkeiten und lassen wegen ihrer Kronengröße auch ein komplettes Eindringen der Besucher zu.
- Eine eigene Untergruppe bilden die in der heimischen Flora nur mit wenigen Arten vertretenen Wespenblumen. Sie sind oft ebenfalls scheiben- oder schalenförmig, aber gänzlich anders gefärbt. Beispiele sind Knotige Braunwurz (*Scrophularia nodosa*), Breitblättrige Sumpfwurz (*Epipactis helleborine*) sowie Efeu (*Hedera helix*) und Schwarzer Holunder (*Sambucus nigra*).
- Auch Fliegenblumen sind überwiegend scheiben- bis schalenförmig, aber neben ihren eher trüben Färbungen oft mit eher unangenehmen Duftmerkmalen (meist von Aminen) ausgestattet, den die potenziellen Besucher aber offenbar als Hochgenuss empfinden. Einige Arten wären demnach auch als Aasfliegenblumen zu kennzeichnen. Zu diesem Funktionstyp gehören viele Vertreter der Doldenblütengewächse, ferner Roter Hartriegel (*Cornus sanguinea*), Weißdornarten (*Crataegus* spp.), Sumpf-Herzblatt (*Parnassia palustris*) sowie Schwalbenwurz (*Vincetoxicum hirundinaria*) und Einbeere (*Paris quadrifolia*). Einen bemerkenswerten ökologischen Sonderfall stellen die Fallenblumen vom Typ des Aronstabs (*Arum maclatum*, vgl. Abb. 3.16) und der Osterluzei (*Aristolochia clematitis*) dar.

Formtyp   Funktionstyp   Bestäuber   Blütenfarbe

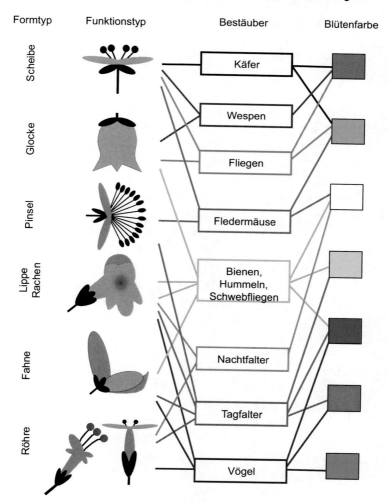

Abb. 6.40 Ressourcenaufteilung nach Gestalt- und Farbmerkmalen durch unterschiedliche Blütengäste. (Verändert nach D. Heß 1990)

- Käferblumen sind fast immer Scheiben oder Schalen mit fruchtigem bis leicht fischigem Duft und frei zugänglichem Nektar. Erwähnenswerte Vertreter sind die meisten Arten der Doldenblütengewächse und unter den oft verwendeten Ziergehölzen der Feuerdorn (*Pyracantha coccinea*).
- Tagfalterblumen sind überwiegend Röhren mit ausgebreiteten Kronblattzipfeln, die als Sitzplatz dienen. Klar bevorzugt werden kräftige Farbtöne, während die Duftnoten weniger bedeutsam sind. Beispiele sind Rote Lichtnelke (*Silene dioica*), Wiesen-Schaumkraut (*Cardamine pratensis*),

Spornblume (*Centranthus ruber*), Veilchen- (*Viola* spp.) und Nelkenarten (*Dianthus* spp.) neben Frühlings-Enzian (*Gentiana verna*) und Heide-Nelke (*Dianthus deltoides*).

- Nachtfalterblumen richten sich nur an langrüsselige Schmetterlinge und sind deshalb überwiegend röhrig konstruiert. Sie blühen gewöhnlich erst gegen Abend auf und setzen auch dann erst ihre Duftproduktion in Gang. Meist sind sie weiß oder hellgelb, sodass sie auch in der Dämmerung oder im diffusen Mondlicht gut zu orten sind. Als Beispiele wären Nachtkerzen (*Oenothera* spp.), Flammenblume (*Phlox paniculata*), Weiße Lichtnelke (*Silene latifolia*), Zaun-Winde (*Calystegia sepium*), Geißblatt (*Lonicera caprifolium*) und manche Orchideen wie die Waldhyazinthen (*Platanthera* spp.) anzuführen.

- Vogelblumen sind überwiegend kräftig rote oder auch schwarzviolette bis heftig gelb-rot-grün kontrastierende Röhren, Rachen und Bürsten, fallweise mit weit vorgestreckten Staubbeuteln und Narben. Die nur in der Neuen Welt vorkommenden Kolibris (Trochilidae) besuchen ihre bevorzugten Objekte im Schwirrflug (mit bis zu 3300 Schwingungen pro Minute), weswegen Sitzgelegenheiten an den Blüten meist fehlen. In Afrika und Südostasien sind die Nektarvögel (Nectariniidae) die typischen Blumenvögel, in der Australregion die Honigfresser (Meliphagidae). An den besuchten Blüten sind meist Sitzgelegenheiten entwickelt. In Europa nicht heimische, aber bekannte Zierpflanzen, die in ihrer Heimat von Vögeln bestäubt werden, sind beispielsweise Weihnachtsstern (*Euphorbia pulcherrima*), Kaiserkrone (*Fritillaria imperialis*), Feuer-Salbei (*Salvia splendens*), Blumenrohr (*Canna indica*), Weihnachtskaktus (*Zygophyllum truncatum*), Trompetenwinde (*Campsis radiata*), Fuchsien (*Fuchsia* spp.) sowie Paradiesvogelblume (*Strelitzia reginae*).

- Fledermausblumen schließlich zeichnen sich durch eine besonders weite Kronenöffnung aus oder sind als weite Schalen bzw. Scheiben und oft mit Bürsten gestaltet. Auffällig ist die vielfach kräftige und sogar fleischige Blütenhülle, die das Einhaken und Festkrallen erleichtert, ohne dass der Rest der Blütenorgane ramponiert wird. Die Hauptblühphase erstreckt sich von abends bis in die Nacht. Der dann verströmte starke Duft ist meist etwas säuerlich oder sogar muffig. Typische Arten dieser Formengruppe sind Königin der Nacht (*Selenicereus regina-noctis*), Bananen (*Musa* spp.), Glockenrebe (*Cobaea scandens*) und Affenbrotbaum (*Adansonia digitata*).

Das Gesamterscheinungsbild einer Blüte ist also gleichsam eine Art Einladungskarte mit Programmansage. Die Gestaltmerkmale regeln den Zugang zu den Ressourcen. Nicht alle nahrungsspezialisierten Blütenbesucher kom-

Abb. 6.41 Auch nach der Blüte bleibt es spannend, denn in jedem Ende steckt ein neuer Anfang: Pusteblume vom Löwenzahn mit startklaren Früchten

men auf oder in jeder beliebigen Blütenform auf ihre Kosten, sondern die Natur hat hier durch wechselseitige Anpassung und Spartenbildung eine bewundernswerte Ressourcenaufteilung vorgenommen. Jeder findet seinen Futterplatz. Auch die Welt der Blütenbesucher besteht aus dem Teilen des Angebots der aufgesuchten Gaststätten mit anderen Lebewesen.

Das faszinierende Feld der Blütenbiologie ist mit der erfolgreich vollzogenen Bestäubung mit dem passenden Pollen natürlich noch nicht zu Ende. Auch die Blume nach der Blüte ist ein spannendes Thema – gerade wenn sie für die Ausbreitung von Früchten bzw. Samen entweder erneut die klassischen Routen Wasser und Wind einsetzt oder wiederum die Mithilfe hungriger Tiere in Anspruch nimmt. Aber das ist eine ganz andere Geschichte, die mit Sicherheit ein eigenes Buch füllen kann (Abb. 6.41).

Bildnachweise

Adolphi, Klaus
3.8

Bau, Melanie
2.19a, 5.23, 6.2

Bau, Pia
6.16

Bellmann, Heiko (über Frank Hecker)
3.2, 5.24

Blickwinkel (über Frank Hecker)
1.11, 2.27, 5.14, 6.30

Hecker, Frank
1.10, Kapiteleingangsbild 5, 5.1, 5.3, 5.4c, 5.6, 5.7, 5.9, 5.20, 6.19

Ishihara, Henrik (über Frank Hecker)
2.35

Kremer, Bruno P.

Kapiteleingangsbild1, 1.1–1.9, 1.12–1.17, Kapiteleingangsbild 2, 2.1–2.18, 2.19b, 2.20–2.23, 2.25, 2.26, 2.28–2.34, 2.36, Kapiteleingangsbild 3, 3.1, 3.4–3.7, 3.9–3.16a, b, 4.1–4.7, 4.12–4.18, 5.4b, b, 5.5, 5.8a, b, 5.10–5.13, 5.15–5.17, 5.19, 5.21, 5.22, 5.25–5.27, 6.1, 6.3–6.15, 6.17–6.18, 6.20a, b, 6.22, 6.29, 6.31–6.41

Landesmuseum für Naturkunde Mainz
5.2

Lüthje, Erich
4.8, Kapiteleingangsbild 6

Müller, Walter
2.24, 3.3, Kapiteleingangsbild 4, 5.18, 6.21

Schöttler, Karl-Otto
5.4a

Storch, Volker
4.9–4.11, 4.19

Literatur

Abrol DP (2012) Pollination biology. Biodiversity conservation and agricultural production. Springer, Heidelberg

Alcock J (2006) An enthusiasm for orchids. Sex and deception in plant evolution. Oxford University Press, Oxford

von Aufsess A (1960) Geruchliche Nahorientierung der Biene bei entomophilen und ornithophilen Blüten. Z vgl Physiol 43:469–498

Badeau V, Bonhomme M, Bonne F, Carré J, Cecchini S, Chuine I, Ducatillion C, Jean F, Lebourgeois F (2020) Pflanzen im Rhythmus der Jahreszeiten beobachten. Der phänologische Naturführer, Haupt, Bern

Bannwarth H, Kremer BP, Schulz A (2025) Basiswissen Physik, Chemie und Biochemie. Vom Atom bis zur Atmung – für Biologen, Mediziner, Pharmazeuten und Agrarwissenschaftler, 5. Aufl. Springer, Heidelberg

Barth FG (1982) Biologie einer Begegnung. Die Partnerschaft der Insekten und Blumen. DVA, Stuttgart

Baumann P, Baumann KH (1998) Das Geheimnis der Orchideen. Hoffmann und Campe, Hamburg

Bentley B, Elias T (Hrsg) (1983) The biology of nectaries. Columbia University Press, New York

Bellmann H (1995) Bienen, Wespen, Ameisen. Hautflügler Mitteleuropas. Franckh-Kosmos, Stuttgart

Bertsch A (1975) Blüten – lockende Signale. Otto Maier, Ravensburg

Biedermann H (2004) Knaurs Lexikon der Symbole. Droemersche Verlagsanstalt, München

Bonn S, Poschlod P (1998) Ausbreitungsbiologie der Pflanzen Mitteleuropas. Quelle & Meyer, Wiesbaden

Brackenbury J (1995) Insects and flowers. A biological partnership. Blandford, London

Buchmann SL, Nabban GP (1996) The forgotten pollinators. Shearwater Books, Washington

Burr B, Barthlott W (1993) Untersuchungen zur Ultraviolettreflexion von Angiospermenblüten II. Magnoliidae, Ranunculidae, Hamamelididae, Caryophyllidae, Rosidae. Reihe Tropische und Subtropische Pflanzenwelt Math.-Naturw. Klasse Akad Wiss Lit Mainz 87:1–193

Cammerloher H (1931) Blütenbiologie I. Sammlung Borntraeger, Bd 15. Borntraeger, Berlin

van der Cingel NA (1995) An atlas of orchid pollination. European orchids. A.A. Balkema Publ., Rotterdam

Dalichov I (2013) Gesund mit essbaren Blüten. Herbig, München

WG D'A, Keating RC (Hrsg) (1996) The anther. Form, function and phylogeny. Cambridge University Press, Cambridge

Dafni A (1992) Pollination – a practical approach. Oxford University Press, Oxford

Dafni A, Eisikowitch D (Hrsg) (1990) Advances in pollination ecology. The Weizmann Science Press of Israel, Jerusalem

Dafni A, Hesse M, Pacini E (Hrsg) (2000) Pollen and pollination. Springer, Wien, New York

Dahlgren G (Hrsg) (1987) Systematische Botanik. Springer, Heidelberg

D'Arcy WG, Keating RC (1996) The anther. Form, function, phylogeny. Cambridge University Press, Cambrigde

Dobat K, Peikert-Holle T (1985) Blüten und Fledermäuse (Chiropterophilie). Waldemar Kramer, Frankfurt

Dörken K (2022) Blüten, Früchte und Samen. Was Sie schon immer fragen wollten. 222 Antworten für Neugierige. Quelle & Meyer, Wiebelsheim

Düll R, Kutzelnigg H (2022) Die Wild- und Nutzpflanzen Deutschlands. Vorkommen – Ökologie – Verwendung. Quelle & Meyer, Wiebelsheim

Endress PK (1996) Diversity and evolutionary biology of tropical flowers. Cambridge University Press, Cambridge

Faegri K, van der Pijl L (1979) The principles of pollination ecology, 3. Aufl. Pergamon Press, Oxford

Flindt R (2000) Biologie in Zahlen. Eine Datensammlung in Tabellen mit über 10.000 Einzelwerten, 3. Aufl. Spektrum Akademischer Verlag, Heidelberg

Franck H (1907) Blütenbiologie der Heimat. Quelle & Meyer, Leipzig

Franière Y, Ruch N, Kozlowski E, Kozlowski G (2018) Botanische Grundkenntnisse auf einen Blick. 40 mitteleuropäische Pflanzenfamilien. Haupt, Bern

Frohne D, Jensen U (1998) Systematik des Pflanzenreichs, 5. Aufl. Wissenschaftliche Verlagsgesellschaft, Stuttgart

Gigon A (2020) Symbiosen in unseren Wiesen, Wäldern und Mooren. 60 Typen positiver Beziehungen und ihre Bedeutung für den Menschen. Haupt, Bern

Greyson RH (1994) The development of flowers. Oxford University Press, New York, Oxford

Hemenway P (2008) Der geheime Code. Die rätselhafte Formel, die Kunst. Natur und Wissenschaft bestimmt, Evergreen, Köln

Heß D (1990) Die Blüte., 2. Aufl. Eugen Ulmer, Stuttgart

Heß D (2005) Systematische Botanik. Ulmer, Stuttgart

Hesse M, Halbritter H, Zetter R, Weber M, Bucher R, Frosch-Radivo A, Ulrich S (2009) Pollen terminology. An illustrated handbook. Springer, Wien

Hesse M, Ulrich S (2012) Erstaunliche Schönheit, verblüffende Vielfalt: Pollen. Biologie in unserer Zeit 42:35–41

Heywood VH, Brummitt RK, Culha A, Seberg O (2007) Flowering plant families of the world. Royal Botanic Gardens, Kew

Hintermeier H, Hintermeier M (2002) Bienen, Hummeln, Wespen im Garten und in der Landschaft. Obst- und Gartenbauverlag, München

Honomichl K (1998) Jakobs/Renner Biologie und Ökologie der Insekten, 3. Aufl. Gustav Fischer, Stuttgart

Huber H (1991) Angiospermen. Leitfaden durch die Ordnungen und Familien der Bedecktsamer. Gustav Fischer, Stuttgart

Kabitzsch M (2012) Blütenmenüs. Der Garten bittet zu Tisch. Thorbecke, Ostfildern

Kalusche D (1996) Ökologie in Zahlen. Eine Datensammlung in Tabellen mit über 10.000 Einzelwerten. Gustav Fischer, Stuttgart

Kearns CA, Inouye DW (1993) Techniques for pollination biologists. University Press of Colorado, Niwor/CO

Kremer BP (2013) Blütengeheimnisse. Wie Blumen werben, locken und verführen. Haupt, Bern

Kremer BP (2014) Mein Garten – ein Bienenparadies. Haupt, Bern

Kremer BP (2016) Die Wiese. Konrad Theiss/Wissenschaftliche Buchgesellschaft, Darmstadt

Kremer BP (2019) Schmetterlinge in meinem Garten. Haupt, Bern

Kremer BP (2021) Geniale Pflanzen. Springer, Heidelberg

Kremer BP (2025) Wissenstrainer Naturwissenschaften. Springer, Heidelberg

Kremer BP, Bannwarth H (2008) Pflanzen in Aktion erleben. Schneider Verlag Hohengehren, Baltmannsweiler

Kremer BP, Richarz K (2021) Tiere in meinem Garten. Wertvolle Lebensräume für Vögel, Insekten und andere Wildtiere gestalten, 2. Aufl. Haupt, Bern

Kugler H (1970) Blütenökologie, 2. Aufl. Gustav Fischer, Stuttgart

Leins P, Erbar C (2008) Blüte und Frucht. Morphologie, Entwicklungsgeschichte, Phylogenie, Funktion, Ökologie, 2. Aufl. E. Schweizerbart'sche Verlagsbuchhandlung, Stuttgart

Lex T (1954) Duftmale an Blüten. Z Vergl Physiol 36:212–234

Lloyd DG, SCH B (Hrsg) (1995) Floral biology. Studies on floral evolution in animal-pollinated plants. Chapman & Hall, New York

Loew E (1895) Einführung in die Blütenbiologie auf historischer Grundlage. F. Dümlers Verlagsbuchhandlung, Berlin

Lunau K (2011) Warnen, Tarnen, Täuschen. Mimikry und Nachahmung bei Pflanze, Tier und Mensch. Wissenschaftliche Buchgesellschaft, Darmstadt

Lüttig A, Kasten J (2003) Hagebutte & Co. Blüten, Früchte und Ausbreitung europäischer Pflanzen. Fauna, Nottuln

Mägdefrau K (1992) Geschichte der Botanik. Leben und Leistung großer Forscher, 2. Aufl. Gustav Fischer, Stuttgart

Mani MS, Saravanan JM (1999) Pollination Ecology and Evolution in Compositae (Asteraceae). Sci. Publ., Enfield

Maurizio A, Schaper F (1994) Das Trachtpflanzenbuch. Nektar und Pollen – die wichtigsten Nahrungsquellen der Honigbiene. Ehrenwirth, München

Meeuse B, Morris S (1984) Sexualität und Entwicklung der Pflanzen. DuMont, Köln

Müller F, Ritz CM, Welk E, Wesche K (2021) Rothmaler Exkursionsflora von Deutschland. Gefäßpflanzen: Grundband, 22. Aufl. Springer Spektrum, Heidelberg

Müller-Karch J, Heydemann B (1989) Elementare Kunst in der Natur. Form – Farbe – Funktion. Karl Wachholtz, Neumünster

Napp-Zinn K (1959) Mißbildungen im Pflanzenreich. Kosmos, Stuttgart

Nicolson SW, Nepi M, Pacini E (2007) Nectaries and nectar. Springer, Heidelberg

Niesler IM, Niebel-Lohmann AK (2017) Bildatlas der Blütenpflanzen. 200 botanische Familien im Porträt. Haupt, Bern

Nuridsany C, Pérennau M (1997) Wunderbare Verwandlung. Knospe, Blüte, Frucht. Gerstenberg, Hildesheim

Oftring B (2021) Jede Blüte zählt. Wie jeder im Garten und auf seinem Balkon zum „Netzwerk der Natur" beitragen kann. Gräfe und Unzer, München

Osche G (1979) Zur Evolution optischer Signale bei Blütenpflanzen. Biologie in unserer Zeit 9:161–170

Osche G (1983) Optische Signale in der Coevolution von Pflanze und Tier. Ber Dtsch Bot Ges 96:1–27

Overy A (2000) Sex im Garten. Die raffinierten Verführungskünste der Pflanzen. Mosaik, München

Parolly G, Rohwer JG (Hrsg) (2019) Schmeil-Fitschen, Die Flora Deutschlands und angrenzender Länder, 97. Aufl. Quelle & Meyer, Wiebelsheim

van der Pijl L (1982) Principles of dispersal in higher plants. Springer, Berlin, Heidelberg, New York

Prenner G, Bateman R, Rudall PJ (2010) Floral formulae uptdated for routine inclusion in formal taxonomic descriptions. Taxon 59(1):241–250

Proctor M, Yeo P, Lack A (1996) The natural history of pollination. Harper & Collins Publ., London

Ricklefs RE (1997) The economy of nature. W. H. Freeman, New York

Richarz K (2010) Natur rund ums Haus. Tiere im Garten kennenlernen und erleben, 4. Aufl. Franckh-Kosmos, Stuttgart

Richarz K, Kremer BP (2019) Geniale Tiere. Anekdotisches, Bewundernswertes, Erstaunliches aus allen Bereichen unserer Fauna. Springer, Heidelberg

Roloff A (2023) Inspiration Natur. Mentale Stärkung und Motivation durch bewusstes Erleben. Quelle & Meyer, Wiebelsheim

Sazima L (1996) An assemblage of hummingbird pollinated flowers in a montane forest in Southeastern Brazil. Bot Acta 109:149–160

Schoenichen W (1911) Blütenbiologie. Strecker & Schröder, Stuttgart

Schweitzer HJ (1980) Wie sah die Urblüte der bedecktsamigen Pflanzen aus? Spektrum der Wissenschaft, H. 12:22–23

Schwerdtfeger M (1996) Die Nektarzusammensetzung der Asteridae und ihre Beziehung zu Blütenökologie und Systematik. Diss Bot 264, Berlin

Sersic AN (1996) A remarkable case of ornithophilie in *Calceolaria*. Bot Acta 109:172–176

Shivanna KR, Rangaswamy NS (1992) Pollen biology. A laboratory manual. Springer, Berlin, Heidelberg, New York

Simpson N (2010) Botanical symbols: a new symbol set for new images. Bot J Linnean Soc 162(2):117–129

Stanley RG, Linskens HF (1995) Pollen. Biologie, Biochemie, Gewinnung und Verwendung. Freund, Greifenberg

Storch V, Welsch U (1997) Systematische Zoologie, 5. Aufl. Gustav Fischer, Stuttgart

Stuppy W, Kesseler R, Harley M (2010) Die unglaubliche Welt der Pflanzen. Gerstenberg, Hildesheim

Tautz J (2007) Phänomen Honigbiene. Spektrum Akademischer Verlag, Heidelberg

Vogel S (1962) Duftdrüsen im Dienste der Bestäubung. Über Bau und Funktion der Osmophoren. Abh. Math.-Naturw. Klasse Akad Wiss Lit Mainz 10:1–165

Vogel S (1974) Blütenökologie. Prog Bot 37:379–392

Vogel S (1986) Ölblumen und ölsammelnde Bienen. Zweite Folge. *Lysimachia* und *Macropis*. Reihe Tropische und Subtropische Pflanzenwelt Math.-Naturw. Klasse Akad Wiss Lit Mainz 54:1–168

Vogel S (1990a) Ölblumen und ölsammelnde Bienen. Dritte Folge. Reihe Tropische und Subtropische Pflanzenwelt Math.-Naturw. Klasse Akad Wiss Lit Mainz 73:1–150

Vogel S (1990b) The role of scent glands in pollination. On the structure and function of osmophores. A.A. Balkema, Rotterdam

Vogel S (1993) Betrug bei Pflanzen: Die Täuschblumen. Abh. Math.-Naturw. Klasse Akad Wiss Lit Mainz 1:1–48

Weberling F (1981) Morphologie der Blüten und Blütenstände. Eugen Ulmer, Stuttgart

Westerkamp C (1990) Bird flowers – hovering versus perching exploitation. Bot Acta 103:323–434

Westerkamp C (1996) Pollen in bee-flower relations. Bot Acta 109:323–331

Willemstein SC (1987) An evolutionary basis for pollination ecology. Leiden Bot Ser 10:1–425

Worgitzky G (1924) Blütengeheimnisse. Eine Blütenbiologie in Einzelbildern. Teubner, Leipzig

Yeo PF (1993) Secondary pollen presentation. Form, function and evolution. Plant systematics and evolution suppl., 6. Aufl. Springer, Wien/New York

Zizka G, Schneckenburger S (Hrsg) (1995) Blütenökologie – faszinierendes Miteinander. Waldemar Kramer, Frankfurt

Stichwortverzeichnis

Printed in the United States
by Baker & Taylor Publisher Services